COFETAIL

咖啡調飲研究室

寶島遶境，節氣出杯！

最有台灣味的咖啡調飲指南

王琴理・廖思為 著

序

在台灣，各行各業的職人們以專業認真守護著這片美麗的寶島。芒果咖啡轉眼間在咖啡奮鬥的路上已超過20年，在分享咖啡專業的同時，更感受到其中所蘊含的在地情誼。對我們而言，咖啡不僅是一種飲品，更是一種生活方式，如何讓咖啡更無縫地融入台灣在地文化，這個念想推動著我們持續用咖啡這個元素，帶領更多愛好者深入了解這片土地。

20年間，我們見證了台灣咖啡產業的發展與變化，從老式的咖啡吧台到義式咖啡的盛行，再到精品咖啡的普及，未來咖啡將如何發展，眾所期待，但我們相信透過創意咖啡，定能讓更多人認識台灣的可愛。

這一路我們嘗試將台灣各地的農特產與咖啡結合，調製時令咖啡，讓喝咖啡變成一種有趣、有話題、更貼近生活的體驗。農會在其中功不可沒。透過農會，不僅可以認識台灣各地鄉鎮特色，更可以享用最新鮮安全的農特產，快速了解台灣的農業文化。

讓我們一起來寶島遠境，節氣出杯，感受台灣的獨特魅力。

目錄

column

PART 3
土地食驗室

PART 4
咖酒俱樂部

PART 1

調飲研究室

咖啡具有多元味譜，在Cofetail（咖啡調飲）的新概念下，咖啡也如雞尾酒，成為「玩風味」的新題材，這風味的多重宇宙已成全世界咖啡館都在瘋迷的研究。

從1940年代的第一波咖啡浪潮，咖啡文化演進至今80多年，至第二波浪潮的精品化到第三波浪潮的美學化，共同都在討論Single Origin（單品）話題，以「減法」思考來理解咖啡風味的過程走到了極致，下一步則要以「加法」來認識咖啡。

當我們已足夠理解咖啡風味時，便能把咖啡當成是一種食材，透過加入不同的食材，創造咖啡與土地或文化上的關係，使咖啡更加「在地化」，更進一步闡述第三波浪潮的內涵。過去，我們談論咖啡館文化，是人與人交流的場所，而現在我們從一杯咖啡裡，討論味道與味道、食材與食材、飲料與料理，那是風土交流的媒介。

我們在教學現場經常發現學員在創作咖啡調飲時，常有思考的盲點，因為對於本地食材的認識欠缺，而無法跳脫框架；或是使用國外食材來詮釋本地的味道，完成的風味可能很棒，卻「無所本」，停留在味道不錯，卻沒辦法使人「走心」。

想想，當我們走入義大利咖啡館或是英國的酒吧裡，常感覺到他們所調飲出來的咖啡或調酒，總是這麼有「義大利味」或是「英國味」，為何？我們認為，那是他們長久以來把基底疊加本地食材所產生的結果，久而久之成為一種飲食傳統，使咖啡或是調酒成為「他們的味道」。

從烘豆師與咖啡師的角度看所生長的土地，各鄉鎮所孕育的風土滋味是多好的題材，源源不絕提供我們架構台灣咖啡調飲的靈感。我們想要在這本書裡分享「用咖啡連結風土」的精神，去組合出我們自己的味道，使得人們走入台灣咖啡館時，打開manu讀，便能有「喔～這就是台灣的咖啡呀！」的感受。

拆解好喝的方程式

究竟咖啡調飲怎麼「被創造」出來，如果味道可以被書寫，那又是如何起承轉合的？我們試圖拆解長年在咖啡調飲的練習裡，得到的心法與知識，並以簡單的方程式，告訴大家其中的奧秘：

認識台灣風土滋味 ＋ 了解咖啡豆的特性 ＋ 組裝與調配概念 ＝ 調出專屬台灣味咖啡

認識台灣風土滋味

為何米其林餐廳主廚要下鄉去產地、走訪菜市場或是親自耕作，最主要是為了從食材生產的從頭到尾之中發現創作的靈感。所以認識台灣風土滋味的第一步，首先要「田野調查」，從食材的歷史、產地、品種、農法、加工、料理等，認識食材各部位的味道與用法，以及料理食材的小撇步。

其次是要「考古文化」，研究食材在不同民族間的吃法，例如，呷辦桌常見「麥仔茶混芭樂汁」的民間特調，吃西瓜要沾鹽巴的習慣，以及玉米在台灣常見是鹽水煮或火烤，但在秘魯卻是會加入水果一起煮成茶的差異等等，傳統飲食對於食材的搭配方式，往往是味道平衡的線索。從此下手可以帶出一地的飲食特色，使調飲更加連結土地，成為「有道理」的組合，而不是「為了加而加」。

了解咖啡豆的特性

抓出食材本身的特性之後，下一步便是思考「什麼樣的豆子適合來搭配這種食材？」我們把咖啡豆劃分為5大風味（下節詳解），使大家可以快速歸納方向，而這通常可以有兩個思路：一是「呼應」，一是「互補」。

呼應即是使用符合食材風味調性的豆款，像是《檸檬咖啡》使用檸檬汁配上酸甜果汁感的淺焙豆；而互補則是利用咖啡的苦來平衡偏甜或是偏酸的食材，像是《芭菲特》用巧克力風味的豆子來平衡芭樂汁的甜度。

此外，萃取咖啡風味的來源也不只於使用咖啡豆，咖啡果肉沖泡的咖啡果茶、咖啡葉發酵的咖啡醋、咖啡花酒萃的咖啡花露等等，也都是製造咖啡風味的另類食材。

組裝與調配概念

有了各種配件（味道），怎麼組裝（調
製），影響最終的成果，就像樂高積木
用不同拼法，會得到不同的成果一樣。

選用什麼樣的調製手法可從「口感」
去思考，使用「直調」（Build）可以把
風味層次拉得更開更清楚，味道如同
舞台劇的演員，各有鮮明角色，在不
同位置演出。使用「搖盪」（Shake）
可以把不同味道充分混合，並且把
空氣混入液體產生泡沫，如同泡沫紅
茶，能使香氣更充盈，利用泡沫沾
於唇上，使香味黏得更久。使用「打
勻」（Dry Shake、whip）除了使味
道更加融合外，同時也能把細碎的纖
維質均勻融入液體，像是牛奶打成奶
泡，可以產生較濃郁的口感。另外，
打氣（Soda Stream）與冰鎮（Iced）
可以創造涼爽清新的口感，以及蒸餾
（Distillation）與澄清（Clarify）、奶洗
（Milk-Washed Spirits）可以濾去雜
質，得到飽含細緻風味的澄澈液體，
在視覺創造反差趣味。

用數學去「計算」味道的組成──好用的黃金比例

義大利數學家費波那西研究出的費氏數列（註），每個費氏數字都是「前兩
個費氏數字的總和」，且每個費氏數字除以上一個費氏數字，都會得到接
近1.618的答案，而這個比例被稱為「黃金比例」，可以套用在風味平衡理
論，成為快速算出配方的捷徑。
　　註：費氏數列常見排列為 1、1、2、3、5、8、13、21、34、55、89……

五大風味快速指南

影響咖啡風味的成因主要有：品種、產地、處理法、烘焙、調和，前三者主要來自原產地，代表風土條件下所孕育的食材本質滋味，後兩者則主要發生在世界各地的烘豆室內，是烘豆師技術與創意力的表現。

然而，咖啡是農產品，光是單品豆的風味便受自然氣候影響，時有起伏變化，更何況是五大成因交叉組合之下，硬要使用味道完全相同的豆款，簡直太為難人。

長年研究咖啡調飲，我們思索如何在「變中求同」以及在「同中求變」，而把咖啡風味歸納為5大面向——「花香」、「果香」、「巧克力」、「堅果」、「焦糖」，每張飲譜上方都有味道標記，挑選豆款時可從豆袋上的烘度（註）與風味描述來判定，保留選豆的彈性，而大家也可以多點嘗試，用不同豆款玩出多重趣味。

註：按照美國精品咖啡協會以焦糖化指數來判定的烘度數值（Agtron number），將0至100的數值區分為8個級距，大約來說數值在65~95之間為淺焙、55~65之間為中焙、25~55之間為深焙，通常焙度越淺，酸質越明亮，花香與果香明顯，而焙度越深，焦糖化越多，出現堅果與可可香氣，相對苦味也越明顯，豆子的色澤也越深。

花香風味

花香是小分子香氣，通常在淺焙時有所表現

產區代表

◗ 巴拿馬藝妓咖啡

◗ 衣索比亞耶加雪菲

芒果單品豆

果香風味

果香的表現相當多元，大方向為莓果、乾果、柑橘

產區代表

◗ 西達摩 古吉夏奇索 鄧比屋多鎮
　吉吉莎處理廠 Lot7 日曬

◗ 肯亞 瓦姆古瑪處理廠 AA 水洗

芒果配方豆

鄉巴佬

黑妞美莓

巧克力風味

可說是接受度最廣的風味，在瓜地馬拉與薩爾瓦多
有許多不錯選擇，去咖啡因產品的表現也不錯

產區代表

◗ 瓜地馬拉 勝利莊園水洗

◗ 衣索比亞 (摩卡) 中深焙

◗ 去因衣索比亞西達摩日曬 G3

芒果配方豆

鄉巴佬

煙燻老爹

堅果風味

亦是許多配方豆愛用的基底，印度與巴西豆最常出
現，不少兼具厚實的奶油風味

產區代表

◗ 印度 麥索金磚

◗ 巴西 聖塔露西亞莊園 日曬

◗ 羅布斯塔

芒果配方豆

森巴女郎

焦糖風味

大部分集中在中美洲，少部分則在爪哇島、蘇門答
臘島等印尼產區，俗名「曼特寧」的咖啡風味

產區代表

◗ 哥斯大黎加 牧童莊園水洗

◗ 薩爾瓦多 勇士莊園 蜜處理

芒果配方豆

龐德女郎

法國佬

解析 7 款芒果咖啡經典配方豆

鄉巴佬

豆子組成 50% 中南美洲混合豆款
（瓜地馬拉、哥倫比亞、巴西）

50% 衣索比亞水洗耶加雪菲

風味描述 刻意柔化香氣，使耶加雪菲的果汁感更貼近柑橘味，後段為中南美洲豆巧克力味的深沈爆發，讓咖啡在口中留下綿長的餘韻。

適合沖煮法 義式咖啡機、手沖

適合調飲 以淺焙單品為出發的配方，適合清爽系水果調飲，如：芒果咖啡、檸檬咖啡、西瓜奶霜咖啡

鄉巴佬

法國佬

豆子組成 35% 瓜地馬拉
35% 哥斯大黎加
30% 薩爾瓦多

風味描述 選用產區具有煙燻、焦糖、奶油味的豆款，特別挑選軟硬度、含水率、密度相近品種，使混烘到達二爆出油時可有一致風味。

適合沖煮法 義式咖啡機、冰滴壺、法蘭絨濾布

適合調飲 適合高酒精度或牛奶調飲，如：明天的氣力、Cha Ka 赤咖、愛爾蘭咖啡、椰奶冰沙咖啡

龐德女郎

豆子組成 25% 巴西
25% 瓜地馬拉
25% 西達摩
25% 羅布斯塔

風味描述 西達摩的綜合莓果調、瓜地馬拉的焦糖味，以及羅布斯塔的豐富油脂，加強了巴西的核果調，這支咖啡就像沙拉淋上橄欖油，結合很多滋味。

適合沖煮法 義式咖啡機、摩卡壺

適合調飲 果酸味淡，風味厚實，增加油脂與堅果調性，搭配濃郁食材也不失色，如：咖啡馬鈴薯冷湯、舒服拿鐵

森巴女郎

豆子組成 　　50% 巴西
　　　　　　　25% 宏都拉斯
　　　　　　　25% 薩爾瓦多

風味描述 採用混烘中焙方式,前段會先
出現核果的香氣,中後味道是
奶油與可可風味,咖啡本身喝
起來帶有奶味,很適合加牛奶
的義式沖煮法。

適合沖煮法 義式咖啡機、虹吸式咖啡壺

適合調飲 風味溫和適口強,可以扮演平
衡者的角色,是強烈風味間的
橋樑,如:越南雞蛋咖啡、雲
朵咖啡、Coffee amigo 酪梨
啡奶昔、舒服拿鐵

藍山風味

豆子組成 　　25% 巴西
　　　　　　　25% 瓜地馬拉
　　　　　　　50% 哥倫比亞

風味描述 這支配方採用混烘中焙,先聞
到花香,再來出現檸檬柑橘
為,漸漸可嚐到奶油核果,後
味是瓜地馬拉提供的西洋杉
(雪松)的味道。

適合沖煮法 虹吸式咖啡壺、法蘭絨濾布、
法式濾壓壺

適合調飲 適合重奶或是奶蓋型調飲,
如:蕉個朋友、穗花山奈拿
鐵、維也納咖啡

煙燻老爹

豆子組成 　　40% 瓜地馬拉
　　　　　　　40% 哥斯大黎加
　　　　　　　20% 羅布斯塔

風味描述 煙燻巧克力風味為主,而哥斯
大黎加提供了類似白胡椒、薑
黃、甘草混合的香料風味,些
許羅布斯塔添增了奶油香氣。

適合沖煮法 義式咖啡機、摩卡壺

適合調飲 適合高酒精度或牛奶調飲,特
別適合有煙燻調性的食材,
如:艾雷先生、咖啡甘味処

黑妞美莓

豆子組成 　　25% 肯亞
　　　　　　　25% 瓜地馬拉
　　　　　　　50% 日曬西達摩

風味描述 肯亞、瓜地馬拉、日曬西達混
烘至中深焙度,前段具有藍莓
甜感,後味巧克力。

適合沖煮法 義式咖啡機、手沖

適合調飲 為酸度較低的水果調,尤其
適合莓果類的食材,如:紅桃
K、潭裡的香格里拉、大花莓
啡醋

組裝與調配概念──

新手上路調飲道具

一種咖啡豆用不同方式萃取，呈現出來的風味與口感截然不同，用途也不同。

以高溫高壓萃取的「濃縮咖啡」，濃郁且強烈，但因為含水率低，在飲品裡的佔比小，較不會影響整體的結構與口感，尤其是需要保留食材色彩的飲品，如使用草莓的《大花莓啡醋》、使用西瓜的《西瓜奶霜咖啡》等，使用濃縮咖啡可以在視覺上有較好的表現。反之，以美式咖啡機或是手沖萃取的「黑咖啡」，含水率也較多，可以把風味層次拉得較開。

長時間低溫下萃取的「冷萃咖啡」，適合深焙豆款，可以表現出喉韻較長的苦甘風味，卻不太容易溶出焦味，其獨特香氣屬於鼻喉（口腔）型，因為上揚香氣較小，不易干擾其他食材的氣味，可與草本或香草型食材搭配。

「氣泡咖啡」是在咖啡中打入氣體，啵啵啵氣泡的刺激感，賦予咖啡很有意思的口感，其口感清爽，餘韻較短，當不希望食材的味道停留在口中太久時，例如《澄清風雙瓜咖啡》如果不想苦瓜的味道殘留太久，便可以打入氣泡來解決問題。

4種咖啡基底的萃取器材

濃縮咖啡	義式咖啡機、手壓義式機、摩卡壺、家用型全自動咖啡機
黑咖啡	手沖咖啡器具（手沖壺＆濾杯）、美式咖啡機、虹吸式咖啡壺、家用型全自動咖啡機
冷萃咖啡	冷水壺（浸泡式咖啡）、冰滴咖啡壺
氣泡咖啡	氣泡機或氮氣槍

開掛篇！
沒有義式機
如何萃出濃縮咖啡？

倘若家裡沒有義式咖啡機或摩卡壺，如何萃出低含水率的濃咖啡？可以利用「長時間浸泡」或是「高粉水」去拉高萃取咖啡的濃度，最方便是應用浸泡式或掛耳式咖啡包。

使用浸泡式咖啡包

浸泡式咖啡沖入100ml的熱水，用調棒翻動咖啡包約10下，使其可以均勻浸泡，靜待3分鐘即可得到較濃咖啡液。

使用掛耳式咖啡包（10g）

注入100g熱水，用小水流使萃取時間延長，可得到較濃咖啡液，倘若得不夠濃，則可把已經沖煮得到的咖啡液再次回沖到掛耳包，利用二次萃取的方式，得到濃厚的咖啡液。

另外，也可以使用虹吸壺萃取極細研磨的咖啡粉，或是使用美式咖啡機萃取雙倍粉量，都可以收到類似的效果。至於濃縮咖啡中獨特的咖啡油脂，則可以利用搖盪、均值或打發手法，去創造出濃郁的口感。

浸泡式咖啡包

掛耳式咖啡包

各有特色的沖煮道具

◐ 義式咖啡機

利用高溫高壓來萃取咖啡粉，特色是表面浮有乳化的咖啡油脂。

◐ 摩卡壺

直接放在火源上加熱，壺體設計為上下部份，利用下方水沸騰產生的蒸氣壓力來萃取咖啡粉。

◐ 美式咖啡機

利用熱水慢慢滲透咖啡粉來萃取咖啡，過程中沒有蒸氣加壓，口感較為淡雅，類似於手沖咖啡。

◐ 家用型全自動咖啡機

配備多種功能，可萃取濃縮與美式咖啡，有的並具打奶泡功能，一個按鍵即可搞定，是懶人沖煮的利器。

◐ 手沖壺

由手沖壺、承壺、濾杯與對應的濾紙所組成，不需要插電即可使用，是最不受地形限制的萃取方式。

◐ 虹吸式咖啡壺

利用熱力學和大氣壓力原理來沖泡咖啡，需要較長萃取時間，但可以萃出豐富多層次的濃烈風味。

◐ 冰滴咖啡壺

利用上方滴落水壓極緩速萃取，再經冷藏熟成數日而成，低溫下咖啡因不易溶出，較少苦澀味。

法式濾壓壺

雪克均質機

調整食材質地的神器

調飲中「混合」材料有許多方式，常見打發、搖盪、均質……其原理都是把空氣融入果汁、茶湯、牛奶，能使飲品的質地更輕盈，甚至改變比重，使可以漂浮於飲料的上層。只是不同手法使用不同器具，空氣與液體混合的均勻度不同，使得品飲起來的口感完全不同。

料理界常用的「均質機」聽起來很高深，其原理卻很簡單，便是利用高速運轉使物質可以混合成穩定均勻質地，也就是説，從手動的打蛋器、幾十元的電動奶泡棒，到上萬元的桌上型雪克機，都是一種「均質機」，只是設備的功率與效能不同，一次可以處理的食材份量與速度不同而已。

除了改變口感之外，均勻混合的好處還有像是蔬菜汁或是果汁類飲料，因為富含果肉纖維，久放易分離為果汁與果肉，可利用更細膩的均質，使纖維質包覆空氣，維持融合狀態更持久，提升飲品的美觀與賞味期。

打蛋器　手動快速攪拌打入空氣，使材料均勻混合或乳化、膨脹等效果。

法式濾壓壺　手動上下泵送精密濾網來混勻材料（亦可用來打奶泡）。

電動奶泡棒　利用電能高速旋轉馬達，使材料可以均勻混合。

雪克均質機　又名桌上型雪克機，具備打奶泡、漩茶、雪克多樣功能。

注入輕盈的氣泡感

口感是當今調飲很重要的元素，光看台灣人有多愛在手搖飲裡「加料」便知道！在咖啡調飲的世界裡，也常注入「氣體」，在不影響咖啡風味的情況下，增添品飲上的口感；且注入空氣可使香氣放大，產生如同「香檳」的效果。

注入氣體的道具有很多種，專業料理廚房常用用小支氮氣瓶（氮氣槍、奶油槍），家用操作則可以用氣泡水機來代替，只要把材料放入瓶中打氣，可以有類似的效果，只是兩者打出來的泡泡綿密度不同，持久力也不同。

氮氣瓶　又名奶油槍，瓶子填裝氣彈，可把氣體打入材料，製作出慕斯的效果。

氣泡水機　使用壓力技術把二氧化碳注入水中成為碳酸。

透明如水卻充滿風味

澄清是當代雞尾酒常用手法，為利用去除或是吸收液體中的雜質，使液體乍看透明如水，品飲起來卻充滿香氣與滋味，格外可以創造驚喜感。澄清最簡單的做法是使用棉布或是濾紙慢慢垂滴出清澈的液體，講求速度與效率的話，則可使用專業級的小型分離萃取機，又名離心機。

濾紙澄清法　咖啡濾杯組加上濾紙即是簡易的澄清設備，倘若雜質比較細緻，可以使用2張濾紙得到較好的過濾效果；滴濾時間如果很長，建議放在冰箱內滴濾，以免落塵或是變質。

離心機　利用高速旋轉使食材分離，收集去除雜質的液體，通常為專業調飲使用。

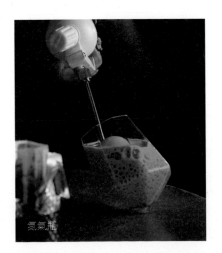

氮氣瓶

濾紙澄清法

PART 2
寶島冰菓室

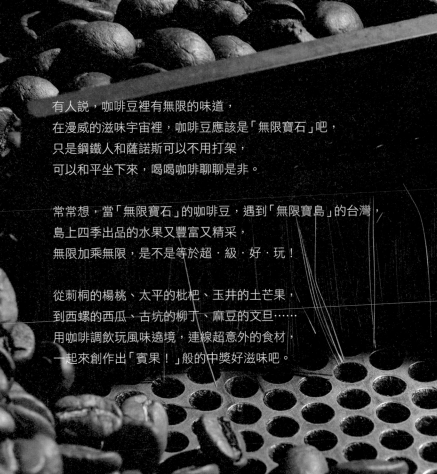

有人說，咖啡豆裡有無限的味道，
在漫威的滋味宇宙裡，咖啡豆應該是「無限寶石」吧，
只是鋼鐵人和薩諾斯可以不用打架，
可以和平坐下來，喝喝咖啡聊聊是非。

常常想，當「無限寶石」的咖啡豆，遇到「無限寶島」的台灣，
島上四季出品的水果又豐富又精采，
無限加乘無限，是不是等於超‧級‧好‧玩！

從莿桐的楊桃、太平的枇杷、玉井的土芒果，
到西螺的西瓜、古坑的柳丁、麻豆的文旦……
用咖啡調飲玩風味遠境，連線超意外的食材，
一起來創作出「賓果！」般的中獎好滋味吧。

芒果咖啡

糖與奶油是風味的橋樑，搭起土芒果的清新酸香，層疊出一杯「甜品風」的趣味層次。

材料

濃縮咖啡（放涼） 60 ml

水 130 ml

芒果泥* 30 g

紅糖水 15 ml

冰塊 120 g

鮮奶油 少許

芒果冰淇淋 1 球

---

* 預先準備

推薦使用土芒果，味道豐富，香氣獨特，削皮去籽，用果汁機打成泥，多餘可用冰盒製成冰磚，或放到夾鏈袋凍存備用。

調製

1. 芒果泥先倒入杯底，加入冰塊，倒入紅糖水。

2. 濃縮咖啡緩緩倒入 **1**，注意動作輕慢，保持漂亮的分層。

3. 先緩緩倒入水，再將鮮奶油輕輕淋上表面。

4. 最後加入小太陽似的芒果冰淇淋，就大功告成！

靈感解密

我們的第一家店開在母校的芒果樹下，這棵樹在我們心中別具意義，因為每年夏天老師們都會展開芒果義賣，用收入的「芒果基金」來支援貧困學生，也因此芒果在我們的心中不只是水果，更代表了愛與分享。我們取「芒果」為店名，本意是分享這個美好的故事，但可愛的客人們卻常常問：「你們的咖啡真的有加芒果？」恭喜大家許願成真，我們真的推出有加芒果的芒果咖啡了！（笑）

芒果咖啡 MANGO
好喝的咖啡，來自於分享

TWIST & MIX

學一杯會兩杯

使用芒果咖啡相同材料，
還可以做義大利人叫「溺水冰淇淋」的阿法奇朵（Affogato），
是咖啡癮者最愛的重口味甜點。

芒果阿法奇朵

濃縮咖啡（放涼） 60 ml	鮮奶油 少許
芒果泥 30 g	芒果冰淇淋 1球
紅糖水 15 ml	

調製

1. 杯中放入芒果冰淇淋，濃縮咖啡緩緩倒入。
2. 芒果泥與紅糖水混合，緩緩倒在冰淇淋上。
3. 將鮮奶油輕輕淋上表面，大功告成！

茴香咖啡

阿嬤愛用的香料蔬菜「茴香」結合二崙哈密瓜與虎尾甘蔗，複雜迷人的氣味，彷彿走入鄉下菜市場。

材料

濃縮咖啡（放涼） 60 ml

哈密瓜汁 100 ml

甘蔗汁 60 ml

冰塊 20～40 g

茴香 1支

帶皮甘蔗棒 1支

調製

1. 取大約1指節長的茴香，與哈密瓜用果汁機打勻備用。

2. 先製作糖口杯，依序倒入濃縮咖啡、放入冰塊、甘蔗汁。

3. 最後倒入**1**，切一小節細長帶皮甘蔗做為調棒，享受邊喝邊啃甘蔗的趣味。

靈感解密

參加2015年台灣咖啡節花式咖啡創意競技時，我們想要用雲林特色去調配一杯創意咖啡，苦思了很久，終於在菜市場找到靈感！小攤上販售的農產品，因地制宜而有所不同，展現出無可取代的在地獨特樣貌，往往能夠啟發我們的創作靈感。在阿嬤的熱心分享下，發現了在地人常用來煮湯或麻油煎的香料蔬菜「茴香」，把它拿來結合二崙鄉的哈密瓜以及虎尾糖廠的甘蔗，交融出連自己也覺得很意外的有趣味道，菜市場的智慧果然深不可測吶。

Point!

糖口杯

糖口杯基底可使用帶點酸質的柑橘水果來增添清香層次，作法是取2個平盤，一個盛二砂糖，另一個盛柳丁汁，先將杯口倒覆於柳丁汁，沾濕後放到二砂糖上沾滿糖粒；亦可用柳丁片直接抹濕杯口來沾糖粒。

TWIST & MIX

學一杯會兩杯

甘蔗是很有在地特色的材料，從前是榨糖原料，
中性的風味很百搭，只取材料中的濃縮咖啡與甘蔗汁，
再加入檸檬汁，便是一杯人見人愛的甘蔗咖啡。

甘蔗咖啡

濃縮咖啡　30 ml　　紅糖水　20 ml
甘蔗汁　60 ml　　　冰水　70 ml
檸檬汁　10 ml　　　帶皮甘蔗棒　1 支

調製

1. 先製作糖口杯。
2. 甘蔗汁、檸檬汁、紅糖水混勻倒入杯中。
3. 濃縮咖啡與冰水混勻，緩緩倒入杯中。
4. 切一小節細長帶皮甘蔗做為調棒，享受
   邊喝邊啃甘蔗的趣味。

柑橘三部曲

柑橘類水果與咖啡不思議合拍，一杯富含維他命C，沁涼、消暑又提神！

靈感解密

檸檬與咖啡的經典組合，最早來自一款佐檸檬皮飲用的義式濃縮咖啡 Espresso Romano，發明者把這種風味連結到羅馬的想法，與台灣把檸檬咖啡取名為「西西里咖啡」有異曲同工之妙。雲林也如同西西里島盛產柑橘水果，有「橙鄉」美譽的古坑出品很棒的柳丁，有雞蛋丁、肚臍丁、茂谷丁等品種，而斗六亦是文旦的大產區，還盛產大白柚、西施柚、葡萄柚，以及四季、黃金、花皮等不同品種檸檬，趁產季買入榨汁凍成果汁冰磚，一年四季都能暢飲這個沁涼的滋味。

01 檸檬咖啡

材料

濃縮咖啡（放涼）　30 ml
檸檬汁　20 ml
紅糖水　20 ml
冰水　110 ml

02 柳丁咖啡

材料

濃縮咖啡（放涼）　30 ml
柳丁汁　60 ml
蜂蜜　10 ml
冰水　80 ml

03 柚香咖啡

材料

濃縮咖啡（放涼）　30 ml
柚子汁　30 ml
蜂蜜　10 g
紅糖水　20 ml
冰水　90 ml

Point!

柚子的白色皮膜具有苦澀味，要去除乾淨才可以榨汁。

調製

1. 檸檬／柳丁／柚子榨汁與
   糖或蜂蜜攪拌倒入杯中。
2. 濃縮咖啡與冰水先混合，
   緩緩倒入即完成。

01

02

03

佐飲或裝飾可以
加入在地柑橘蜜餞或是
果乾，冬山鄉農會的紅柚果
乾、台東縣農會的池上檸
檬圓片都很推薦！

小星星

形狀如同小星星的楊桃，
一閃一閃亮起兒時最愛，
那酸酸鹹鹹的楊桃湯回憶。

材料

濃縮咖啡（放涼） 30 ml

楊桃原汁 60 ml

紅糖水 20 ml

冰塊 60～80 g

水 30 ml

楊桃果乾 1 片

紅糖 少許

裝飾

新鮮楊桃或楊桃果乾

調製

1. 新鮮楊桃榨汁過濾備用。
2. **1**與紅糖水攪拌混合，倒入杯底，加入冰塊。
3. 濃縮咖啡與水倒入雪克杯搖盪，輕輕倒入**2**。
4. 楊桃片撒上紅糖炙燒，用漂亮的星芒裝飾杯口，或放上楊桃果乾做裝飾。

靈感解密

五、六年級生記憶中的「黑面蔡」曾在台大流行，楊桃湯是台灣人再熟悉不過的消暑飲料，但你知道雲林莿桐鄉曾是全台楊桃的主產區嗎？為振興在地楊桃產業，莿桐農會發起「把楊桃樹種回來」活動，鼓勵年輕一代回鄉接手，身為在地人的我們也想透過創意咖啡，讓更多人認識並親近這個可愛的水果。

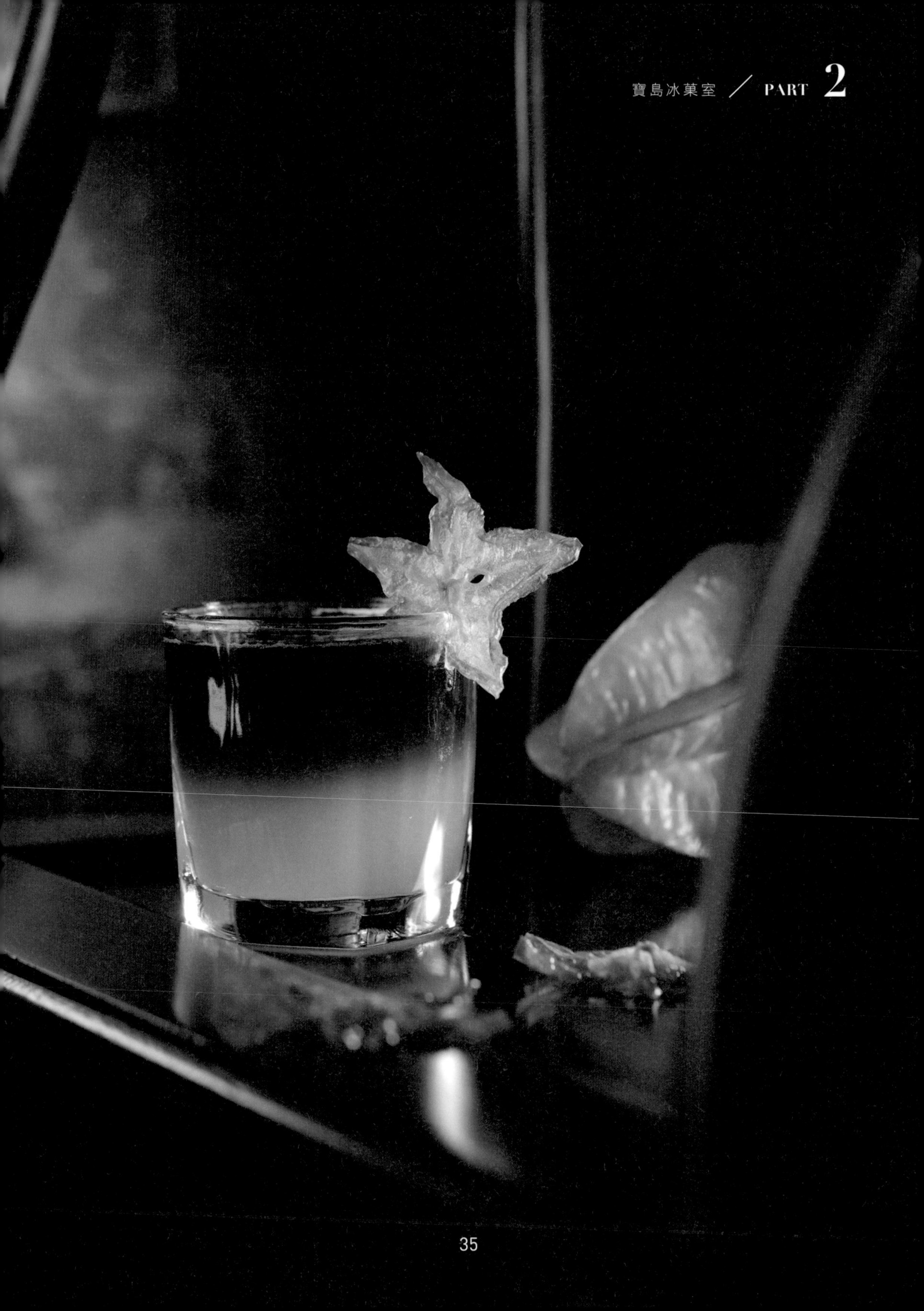

西瓜咖啡

「吃西瓜抹鹹會更甜喔！」
默念阿嬤交代的好吃口訣，
把咖啡也變得更好喝吧。

材料

濃縮咖啡（放涼）　30 ml
西瓜汁　60 ml
紅糖水　20 ml
冰水　70 ml
西瓜球　1 串
梅子粉　少許

調製

1. 西瓜剖開，先挖小球備用，剩下切塊後放入果汁機攪拌，過濾去掉渣與籽。
2. **1** 與紅糖水混合倒入杯底，並加入冰塊。
3. 濃縮咖啡與冰水混合倒入 **2**。
4. 放上西瓜球串，撒上鹹鹹的梅子粉即可享用。

靈感解密

走在西螺大橋，底下沙質河床地常見細密的「綠點」，細看是圓滾肚皮的大西瓜，正吸收日月精華，準備變得又大又甜。西瓜是台灣人夏季不可少的水果，也是濁水溪沿岸的二崙、崙背、西螺的特產。成長歲月裡，有許多美好的西瓜回憶，小時候吃完晚餐，阿嬤總會切一顆大西瓜給大家消暑，圍坐大人身旁吃西瓜，邊納涼邊偷聽開講，那悠然美好的時光如果能暫停該有多好。沒有哆啦Ａ夢的暫停碼錶道具，便用一杯創意咖啡來紀念吧。

\ Point! /

產期尾季的西瓜甜度較不高，可用蜂蜜來取代紅糖水，增加風味的深度；梅子粉私心推薦信義鄉農會出品的「愛問梅子粉」。

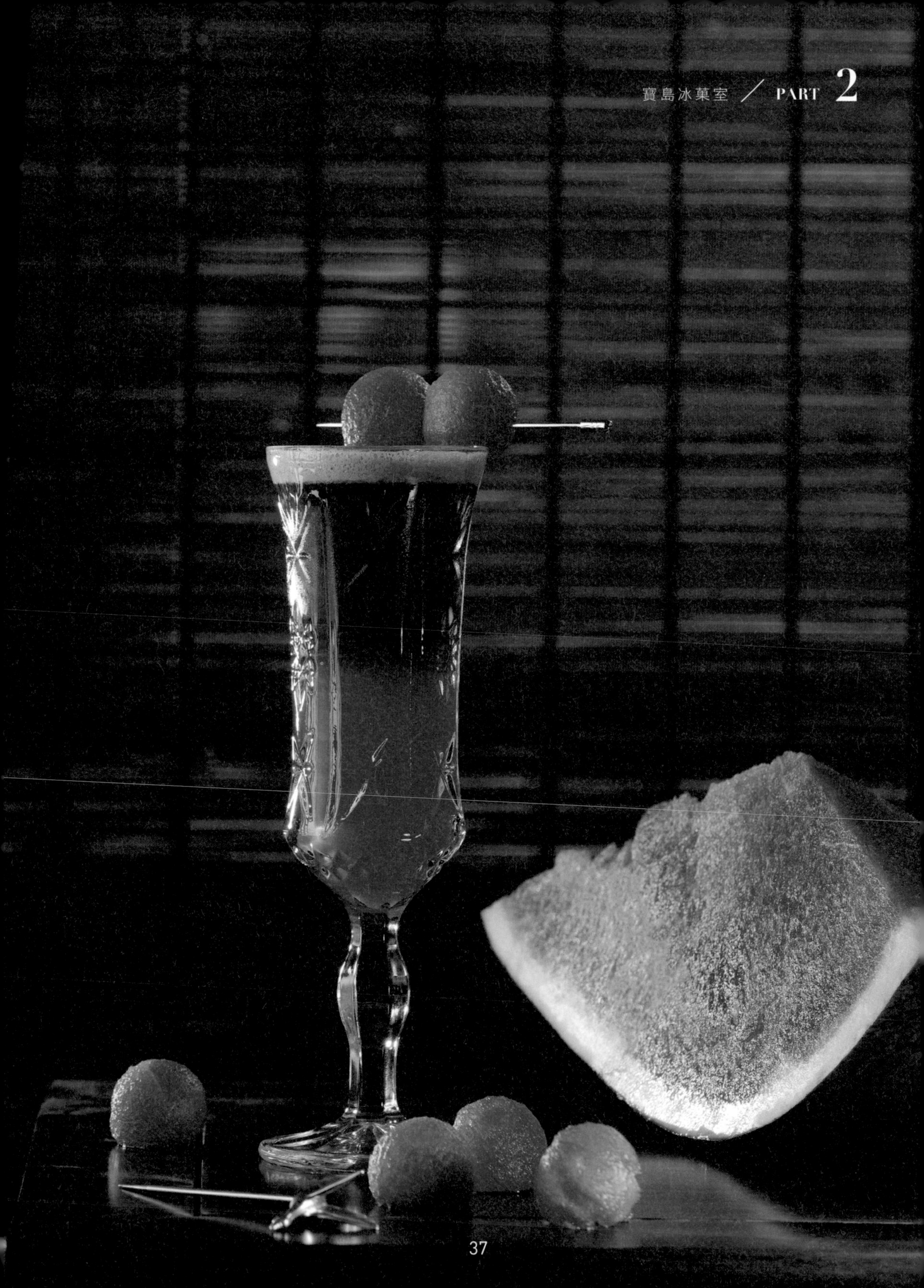

TWIST & MIX

學一杯會兩杯

看到梅子粉，就想到也很速配的水果，芭樂。
相同的調製方法，
把西瓜汁替換為 1：1 加水慢磨打成的芭樂汁，
又是不同滋味！

西瓜奶霜咖啡

濃縮咖啡（放涼）	30 ml	冰水	70 ml
西瓜汁	60 ml	鮮奶油	少許
紅糖水	20 ml	梅子粉	少許

調製

1. 西瓜剖開，先挖小球備用，剩下切塊後放入果汁機攪拌，過濾去掉渣與籽。
2. **1** 與紅糖水混合倒入杯底，並加入冰塊。
3. 濃縮咖啡與冰水混合倒入 **2**。
4. 用小型奶泡機將鮮奶油打 15~30 秒，呈流質狀奶霜。
5. 緩緩將奶霜鋪滿表面，撒上鹹鹹的梅子粉即可享用。

滿天星

摘下「滿天星」蜜糖百香果，彷彿投下一枚香氣炸彈，百香果故鄉埔里的味道，原來如此！

材料

濃縮咖啡（放涼）　30 ml

百香果汁　30 ml

水　30ml

紅糖水　20 ml

冰水　70 ml

調製

1. 百香果剖開挖出果肉，用紗布濾出果汁，加水兌開備用。
2. **1** 與紅糖水混合倒入杯底，加入冰塊。
3. 濃縮咖啡與冰水一起倒入雪克杯搖盪，輕輕倒入 **2** 即完成。

初戀的滋味

梅子的酸、蜜蘋果的甜、咖啡的微苦，
輕輕調和出臉紅心跳的滋味。

材料

濃縮咖啡（放涼）　30 ml

梅子汁　20 ml

蜜蘋果果汁　60 ml

紅糖水　20 ml

冰塊　6～8顆

水　30 ml

梅乾　1粒

調製

1. 梅子汁、蜜蘋果果汁、紅糖水混合均
   勻倒入杯底。
2. 杯中加入冰塊，濃縮咖啡與水混勻輕
   輕倒入。
3. 杯口點綴梅乾或使用竹籤串一顆梅子
   放入杯中即可享用。

\ Point! /

蘋果汁推薦選用台中
市農會的「鮮榨蜜蘋果汁」，
梅子汁則南投縣農會以及信義鄉
農會出品的「原味梅汁」與「酸
梅濃汁」皆是好選擇。

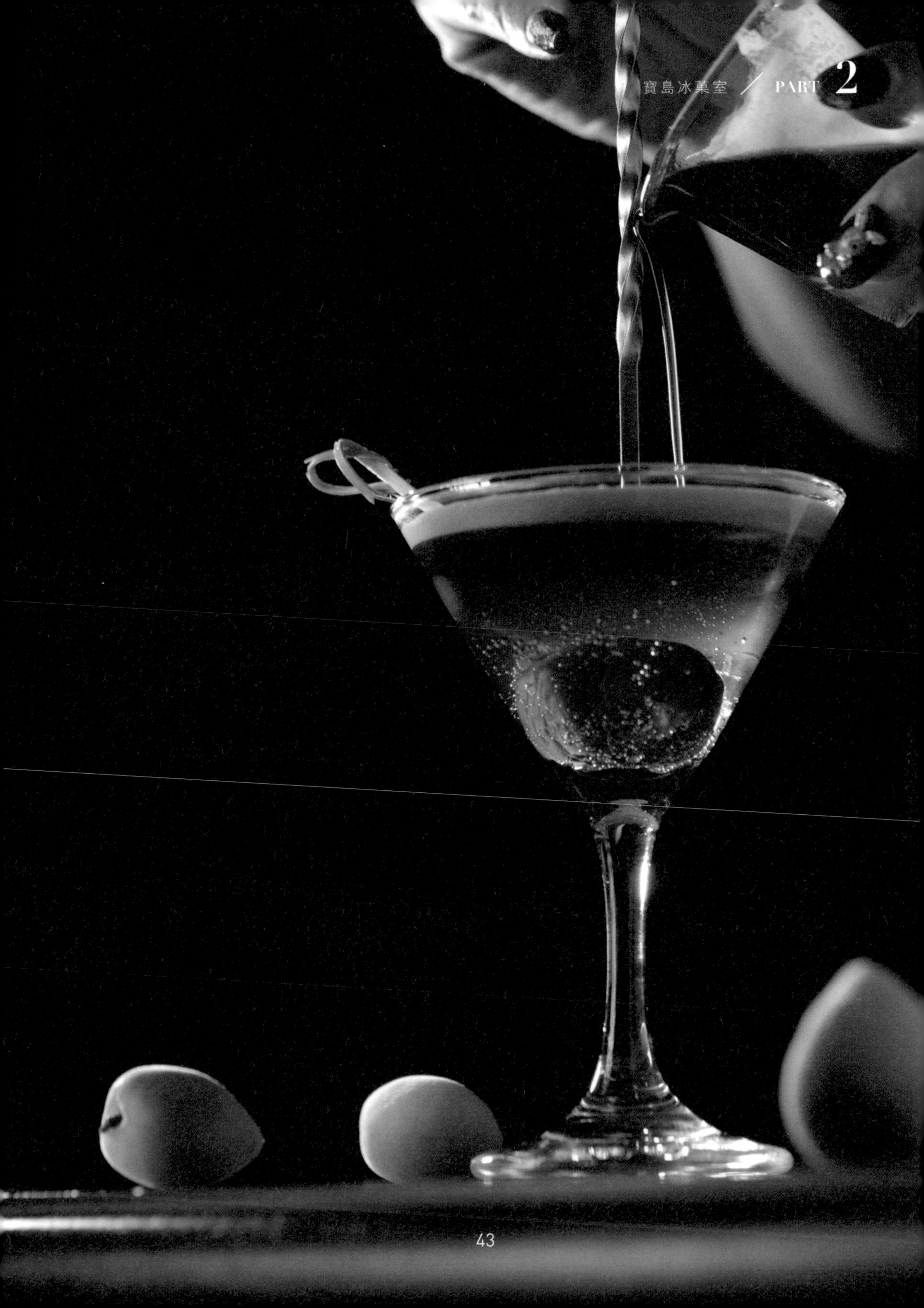

鳳梨咖啡

拜拜必備的旺來，
可調飲可刨冰，還可以求好運！
果然是上得檯面的好水果。

材料

濃縮咖啡（放涼）　30 ml
鳳梨汁　60 ml
紅糖水　20 ml
冰水　70 ml

調製

1. 鳳梨榨汁與紅糖水拌勻倒入杯底。
2. 濃縮咖啡與冰水先混合，緩緩倒入**1**
即完成。

TWIST & MIX
學一杯會兩杯

用碎冰取代冰水，倒入冷的濃縮
咖啡與鳳梨糖水當醬汁，成為沁
涼加倍的刨冰版吃法！

\ Point! /

民雄、關廟、屏東都是台
灣鳳梨大產區，新鮮鳳梨可洽
當地農會採購，如果想更簡便
地準備，則可以買旺萊山或是
台鳳出品的鳳梨純汁。

大花莓啡醋

大花咸豐草搖曳著香氣，
草莓與咖啡果香翩然共舞，
誰能抗拒這奢華的滋味？

材料

苗林行希克莉草莓果泥　30 g

咖 True 味咖啡醋　10 ml

白糖糖漿　20 ml

冰塊　80 g

冷開水　100 ml

濃縮咖啡（放涼）　30 ml

大花咸豐草　1 小把

調製

1. 草莓果泥、咖 True 味咖啡醋、白糖糖
　　漿先拌勻倒入杯中。

2. 加入冰塊，濃縮咖啡與冷開水混合倒
　　入 **1**。

3. 裝飾大花咸豐草，完成！

TWIST & MIX

學一杯會兩杯

不喜酸味，可取消果醋，用冰牛奶替代，
便是一杯可可愛愛的草莓咖啡牛奶。

草莓咖啡牛奶

苗林行希克莉草莓果泥　30 g　　冰牛奶　100 ml
白糖糖漿　20 ml　　　　　　鄉巴佬濃縮咖啡　30 ml
冰塊　80 g

調製

1. 草莓果泥、冰塊、白糖糖漿先拌勻倒入杯中。
2. 濃縮咖啡輕輕倒入 **1**。
3. 用小型奶泡機將牛奶打 15 ～ 30 秒，呈流質狀奶霜。
4. 把奶霜輕輕注滿杯子，完成！

透紅佳人

蓮霧樹上一串串小鈴鐺，
伴咖啡一起唱出銀鈴般甜美的歌。

材料

濃縮咖啡（放涼）　30 ml

蓮霧汁　60 ml

蓮霧糖漿　20 ml

冰水　30 ml

\ Point! /

盛產蓮霧的佳冬鄉
農會出品「透紅佳人蓮霧
果露」以及「透紅佳人蓮霧果粒
醬」，風味與香氣格外濃縮，只
需使用 30ml，亦可替代蓮
霧汁與糖漿。

調製

1. 將所有材料倒入雪克杯搖盪，或使用
均質機打綿，倒入杯中即可享用。

 調飲解析

印象中嬌貴的蓮霧似乎很難與咖啡連上線，但我們把咖啡結合本土水果玩上一
輪後，回頭卻覺得蓮霧滋味清淡，很有記憶點。走入佳冬鄉農會，發現當地用
特殊品種開發的「透紅佳人」系列，簡直是咖啡師的寶藏！直接加入氣泡水可以
調成「蓮霧氣泡飲」，也可以倒入冰咖啡成為「冷萃氣泡蓮霧咖啡」，或是設計一
杯很有台灣味的風味拿鐵「蓮霧拿鐵」，持續帶來驚喜的農特產加工創意，使咖
啡更具四季的風味。

澄清風雙瓜咖啡

神乎其技的調酒澄清技法，
在家也能輕鬆玩！
為木瓜與苦瓜找出新關係。

材料

濃縮咖啡（放涼）　30 ml
木瓜澄清液*　30 ml
苦瓜澄清液*　10 ml
紅糖水　20 ml
冰塊　適量

* **預先準備**

沒有澄清設備，也可用濾布進行簡易澄清
處理。木瓜（或苦瓜）加水1：1打成汁，
盛入濾布，放入冰箱冷藏，在低溫下靜置
一天一夜，至渣渣完全除去，得到近乎透
明的「水」，即是澄清液。

調製

1. 所有材料與冰塊放入雪克杯中搖盪均
　　勻，倒出杯中即完成。

TWIST & MIX

學一杯會兩杯

想要加快速度？老冰菓室提供好點
子，木瓜與山苦瓜用果汁機打成
汁，大膽倒入養樂多，一杯疊字可
愛的多多瓜瓜咖啡就大功告成了！

多多瓜瓜咖啡

濃縮咖啡	30 ml	養樂多	50 ml
木瓜	100 g	紅糖水	20 ml
山苦瓜	20 g	冰塊	適量

如果想要口感更濃稠，
可把養樂多替換成優酪乳。

楊貴妃

貴妃最愛玉荷包，利用果汁冰磚延長賞味期，一年四季都能品賞宮廷美味。

材料

濃縮咖啡（放涼） 30 ml

荔枝汁＊ 60 ml

本土二砂糖糖漿 20 ml

玫瑰果露 5 ml

冰塊 40 g

水 25 ml

＊ 預先準備

玉荷包荔枝果肉取出榨成汁，倒入冰盒中冷凍成果汁冰磚，延長了新鮮水果的賞味期，解決水果太多吃不完的問題。

調製

1. 荔枝汁、二砂糖糖漿、玫瑰果露混勻倒入杯中。
2. 加入冰塊。
3. 濃縮咖啡加水混合緩緩倒入即完成。

TWIST & MIX
學一杯會兩杯

加入20ml的玉山Craftsman荔枝白
蘭地或是法國Dita荔枝香甜酒，立
刻翻身成微醺版本的「貴妃醉酒」。

金柑心

蜜餞也能拿來作咖啡？
用宜蘭年節吉祥果「金棗糕」
為賓客獻上一杯解膩良飲。

材料

濃縮咖啡（放涼）　30 ml
金柑汁　10 ml
金棗糕糖漿*　20 ml
蜂蜜　10 ml
冰塊　50 g
水　60 ml

---

* 預先準備

金棗糕切碎，與糖、水，用小火煮成糖漿
備用，亦可直接購買宜蘭橘之鄉的「黃金
桔醬」使用。更簡單的作法，是購買使用
「生津酸桔汁」30ml，替代金柑汁與金棗
糕糖漿。

調製

1. 金棗糕糖漿與蜂蜜、金柑汁混合均勻
   （亦可用檸檬汁或柳丁汁等風味相近
   的柑橘類果汁，可以增加層次變化）
   倒入杯中。
2. 加入冰塊，濃縮咖啡與水混勻續入，
   即完成。

靈感解密

年節期間，收到宜蘭朋友送的金棗
糕，那色澤金黃的果子很喜氣，做
為春節吉祥果再適合不過。金棗
（金柑）是宜蘭很具特色的水果，
也是少數可以連皮食用的柑橘類水
果，當地人拿它做成的蜜餞叫「金
棗糕」，具有迷人的酸質，不過一盒
金棗糕沈甸甸的，份量可不少——
怎麼可能吃得完呢？只好拿出老方
法，調成創意咖啡和大家分享吧。

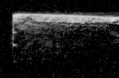

╲ Point! ╱

龍眼乾、芒
果乾、紫蘇梅等蜜餞
都可按上述方法取得風
味糖漿，玩味出各種不
同的蜜餞咖啡，別有
一番滋味！

紅桃K

生津止渴的洛神花，結合柑橘巧克力調咖啡，明明沒有酒精，卻迸出意外的酒香！

材料

濃縮咖啡（放涼）　30 ml
蜜洛神花果醬汁＊　20 ml
本土二砂糖糖漿　20 ml
冰塊　100 g
水　130 ml

＊ 預先準備

作法有二。一是使用洛神蜜餞，加等重的水，用小火煮滾至濃稠，瀝除果渣取得糖漿；二是使用乾燥洛神花，首先要泡開，洛神花、水、糖以1:2:1比例，用小火煮成糖漿。

\ **Point!** /

亦可選購
台東縣農會出品的
「蜜洛神花果醬汁」
直接使用。

調製

1. 蜜洛神花果醬汁與二砂糖糖漿加入水，先在調杯均勻兌開（倘若果醬甜度太高，可加入少許新鮮檸檬汁來平衡甜度）。
2. 杯底倒入 **1**，加入冰塊，緩緩倒入濃縮咖啡，形成美麗分層。

靈感解密

2023年夏季我們到台東快閃實驗場「閃閃PARK」，想為台東設計一杯超級清涼又消暑的咖啡，意外發現台東金峰鄉與太麻里鄉是洛神花最大產地，而醫書上又寫洛神花具有降壓、利尿、止咳、解毒之效，所以每年10至11月洛神花盛開，人們取其花萼糖漬為蜜餞，或是乾燥備用，成為來年夏季泡冰涼果茶的消暑恩物，想想洛神花早年從非洲引進時又有「紅桃K」的別名，果然是如同撲克牌的桃心，是個很有「愛」的好食材。

檸黛玉

改編台灣經典甜品，用冰清似水的愛玉凍，使咖啡更有吸飲力。

材料

濃縮咖啡（放涼） 60 ml

紅糖 20 ml

焦糖糖漿 20 ml

檸檬汁 25 ml

愛玉 100 g

水 80 ml

冰塊 適量

檸檬片 1～2片

調製

1. 紅糖、焦糖糖漿、檸檬汁混勻，與愛玉一起倒入杯中。

2. 濃縮咖啡混合水，加入冰塊至總量為200ml。

3. 材料**2**打發，倒入杯中，裝飾檸檬片即可享用。

靈感解密

在飲料中增添具有咀嚼感的食材，如：珍珠、果凍、茶凍、愛玉等，是台灣手搖飲的一大特色。沿用這個創意，使用近似花香調與草本風味的淺焙咖啡，把台灣人再熟悉不過的西西里咖啡（檸檬咖啡），延伸結合台灣特有原生種作物「枳仔」（愛玉），一杯「咀嚼系咖啡」便誕生了！

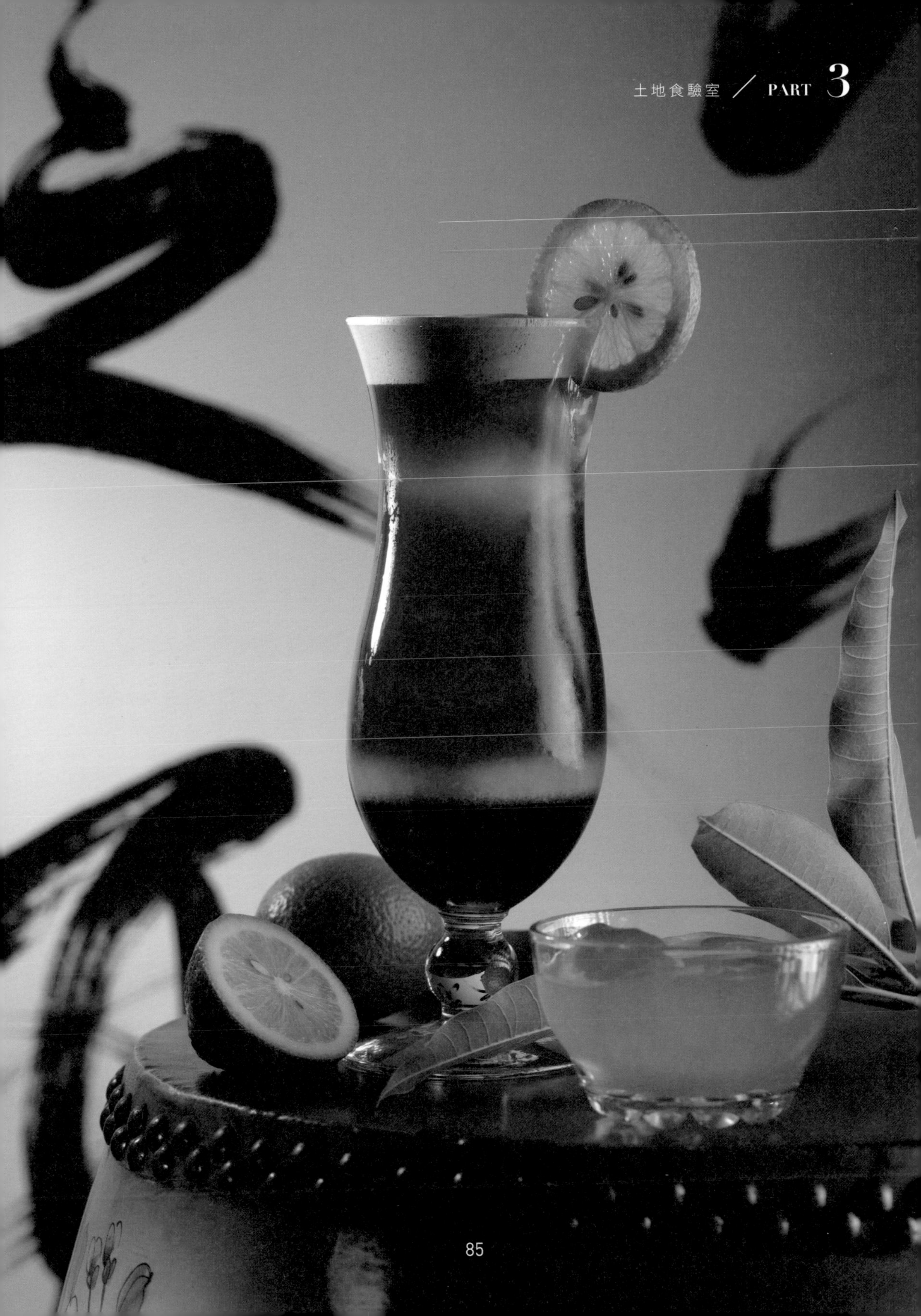

啡紫秘魯

活用 400 次咖啡技法，
玩出一桌異國咖啡盛宴！

靈感解密

有時我們在介紹新產區給客人時，會思考怎麼用更貼近生活的方式去訴說，想起去到產地時，咖啡農招待我們的迎賓飲料紫玉米茶（Chicha Morada），那玉米與蔬果煮成的甜甜高湯很有趣，於是便想以當地人的「國民飲料」來調製創意咖啡，用這一杯穀香與果味層層堆疊的「啡紫」，帶領人們走進秘魯老媽媽的廚房裡，在那熟悉又溫暖的味道裡，漸進認識秘魯人的味譜、對於酸甜苦辣的定義，從而理解秘魯咖啡基亞班巴 G1 那獨特的香草奶油調。

材料

濃縮咖啡（放涼）　30 ml
Chicha Morada 紫玉米茶*　60 ml
Pisco 皮斯可酒　10 ml
紅糖　10 ml
檸檬汁　5 ml
藜麥粒　少許
肉桂調棒　1 支

---

* 預先準備
◆ 準備 6 支紫玉米、1 顆帶皮蘋果、1/3 顆帶皮鳳梨，滾煮至玉米與熱帶水果香氣釋出，起鍋前放入少許八角、肉桂、丁香，放涼備用。
◆ 煮完的紫玉米不要浪費，可以直接食用或切出拌入沙拉，當成佐咖啡的小食。

調製

1. Chicha Morada 紫玉米茶、Pisco 皮斯可酒、紅糖、檸檬汁混勻。
2. 濃縮咖啡用 400 次咖啡作法（見下頁介紹）打發，鋪滿杯口。
3. 撒上低溫慢烤的藜麥增添香氣，再放入肉桂調棒即可飲用。

啡紫秘魯調製影片

TWIST & MIX

學一杯會兩杯

源自澳門的「漢記手打咖啡」,為 1:1:1 的即溶咖啡粉、糖、水,用打蛋器或攪拌機打發成濃稠的咖啡泡沫,而把咖啡泡沫堆疊於冰牛奶上飲用,飲品如同甜點,可品嚐到如同奶油的絲滑口感。這種獨特的咖啡飲品傳到韓國,改名為「400 次咖啡」來形容那瘋狂打發的作法,而越南也有原理相似的「雞蛋咖啡」,作法簡單又很有娛樂性的 400 次咖啡,是再好不過的聚會餘興活動了,不論老小捲起袖子動起來玩吧!

400 次咖啡／雲朵咖啡

濃縮咖啡(放涼)　30 ml
冰牛奶　150 ml
糖　20 ml

調製

1. 濃縮咖啡加糖,用奶泡棒或手打至蓬鬆(手打必須隔冰操作,泡沫結構會較好)。
2. 杯中倒入冰牛奶,上層鋪滿 **1** 即完成。

越南雞蛋咖啡
Cà Phê Trứng

濃縮咖啡　30 ml

雞蛋　2顆

伏特加　10 ml

熱水　30 ml

煉乳　20 ml

糖　15 ml

調製

1. 濃縮咖啡先倒入杯中，加入煉乳與熱水，混勻。

2. 打蛋分離蛋黃與蛋清，2份蛋黃加糖打發到蓬鬆（可以立起來的狀態）。

3. 材料**2**再加入1份蛋清、伏特加酒，一起打發至蓬鬆。

4. 將**3**緩緩倒入杯中鋪滿即完成。

TWIST & MIX
學一杯會兩杯

都要準備了，相同材料順手做，
再變出一款派對雞尾酒！

農夫 Punch

Chicha Morada 紫玉米茶　60 ml
Pisco 皮斯可酒　10 ml
檸檬汁　5 ml
冰塊　適量

調製

1. 所有材料放入雪克杯搖盪。
2. 倒出杯中即可飲用。

戶外風！咖啡馬鈴薯冷湯

專為露營設計的野炊咖啡！

用咖啡與濃湯的超組合，展現「植物奶拿鐵」的新解。

材料

濃縮咖啡　30 ml
去皮馬鈴薯　300 g
洋蔥　120 g
奶油　30 g
冷開水　420 ml
鮮奶　420 ml
動物性鮮奶油　180 ml
鹽巴　8 g

調製

1. 馬鈴薯蒸熟稍放涼。
2. 洋蔥切1公分丁，以奶油炒至焦黃近咖啡色。
3. **1**與**2**混合，加入冷開水與鮮奶，用調理機打勻。
4. **3**倒入鍋中，以中火烹煮至滾，途中需不停攪拌以免黏鍋燒焦。
5. 熄火加入鹽巴與鮮奶油拌勻，即可裝入保溫壺備用。
6. 飲用時，一份馬鈴薯冷湯（60ml）兌一份淬好的濃縮咖啡（30ml）即可。

靈感解密

我們常思考怎麼顛覆咖啡的模式，從大家喜歡的拿鐵咖啡到植物奶咖啡，於是想到馬鈴薯冷湯不也是一種「植物奶拿鐵」嗎？這杯咖啡結合了西式料理的「冷湯」食譜，但稍稍加以修改，如同馬鈴薯冷湯常會加上巴薩米克醋來解膩、變化口感，我們認為咖啡也可以如同巴薩米克醋，為冷湯帶來「變化」口感。

當咖啡與料理結合，可以有很多想像，它可以是熱飲，也可以是冷飲，可以用杯裝呈現，也可以用很正式的湯盤端出來，甚至也能夠很隨性地，預先在家裡煮好一大壺馬鈴薯冷湯，在露營醒來的冷涼清晨，用柴火煮好熱咖啡，倒入一點冷湯成為「喝得飽」的料理，一方面提神，一方面補充戶外活動需要的熱量，是不是很方便呢！

╲ **Point!** ╱

　　這是以名廚路易斯·
迪亞特（Louis Felix Diat）
所創造的夏季菜單冷湯「維希
湯」（Vichyssoise）為基礎，但
拿掉雞高湯，改以台灣在地食材
詮釋，成了不同飲食族群皆可享
用的「奶素」口味。

使用生長在落山風吹拂的龜壁
灣洋蔥，費工炒至焦糖化來增加
香氣和甜感，加入崙背酪農以營
養均衡飼糧細心照顧產出的純
淨鮮乳取代雞高湯來提鮮，以及
營養豐富有「大地的蘋果」美名
的斗南馬鈴薯⋯⋯所有材料燉
煮至化開，最後加上適量的海鹽
與黑胡椒提味，裝入保溫瓶帶出
門露營或野餐，成為快速補
給的美味湯品。

咖啡甘味処

咖啡湯圓與三種形態咖啡凍，淋上卡斯卡拉糖漿，一杯夏季甜品為休日時光添加情調。

A 咖啡湯圓

材料（約50～60顆）

冰滴咖啡　240 ml

糯米粉　300 g

* 粉水比約1：0.8，可自行調整，液體越多則口感越軟。

作法

1. 冰滴咖啡慢慢加入糯米粉，攪拌均勻成糰。

2. 捏出一小球放入滾水中煮至浮起成為「粿粹」，將粿粹揉回糯米糰至混合均勻。

3. 把糯米糰搓成長條，切分小段，用手掌輕輕滾成湯圓。

4. 取需要份量（剩餘可冷凍保存）放入滾水煮至浮起，撈出放置冰水中冰鎮備用。

*過程中要注意糯米糰保濕，太乾燥則易裂，不容易搓成圓。

B 咖啡凍的3種形態

材料

咀嚼勁力版

吉利T　10 g

細砂糖　25 g

濃縮咖啡（放涼）　60 ml

冷開水　300 ml

軟彈滑溜版

吉利T　8 g

細砂糖　25 g

濃縮咖啡（放涼）　60 ml

冷開水　300 ml

入口即化版

吉利T　6 g

細砂糖　25 g

濃縮咖啡（放涼）　60 ml

冷開水　300 ml

作法

1. 吉利T、細砂糖鮮攪拌均勻（務必先拌勻，否則吉利T遇水容易結塊）。

2. 加入冷開水60ml拌勻。

3. 倒入小鍋，與剩餘的冷開水以及濃縮咖啡液拌勻。

4. 小火慢煮，過程中持續攪拌，加熱到冒出中泡泡（約90℃），確認吉利T完全融化即可離火。

5. 咖啡凍液倒入容器，用小湯匙刮去表面泡泡，使凝凍表面更光滑晶瑩。

6. 靜置10至15分鐘，稍放涼可放入冰箱冷藏，完全凝結即可取用。

C 卡斯卡拉糖漿（咖啡果皮糖漿）

材料

咖啡果皮　10 g

紅糖　300 g

水　210 g

作法

1. 紅糖與果皮用小火炒香。
2. 加入水，用小火煮至微滾約2分鐘，
   放涼裝瓶冷藏備用。

調製

1. 碗中刨入碎冰，放上
   喜愛的咖啡湯圓、咖
   啡凍等材料。
2. 淋上咖啡果皮糖漿即
   可食用。

TWIST & MIX

學一杯會兩杯

咖啡果皮糖漿兌熱水為基底（比例為 1：5，可按喜好調整），
將煮好的咖啡湯圓放入，即是咖啡湯圓的冬季甜湯吃法。

靈感解密

咖啡飲品除了使用咖啡豆之外，咖啡果皮又
名「卡斯卡拉」（Cascara），也是近來很受歡
迎的素材，Cascara 來自西班牙語，有殼或皮
的意思，指的是咖啡果實的果皮和果肉，其在
經過日曬乾燥之後，可以得到低咖啡因的果
乾，用熱水沖泡的滋味很類似我們熟悉的「龍
眼乾」，正好是台式甜品與甜湯很常用到的素
材——這又引發我們一波接地氣的創意了！

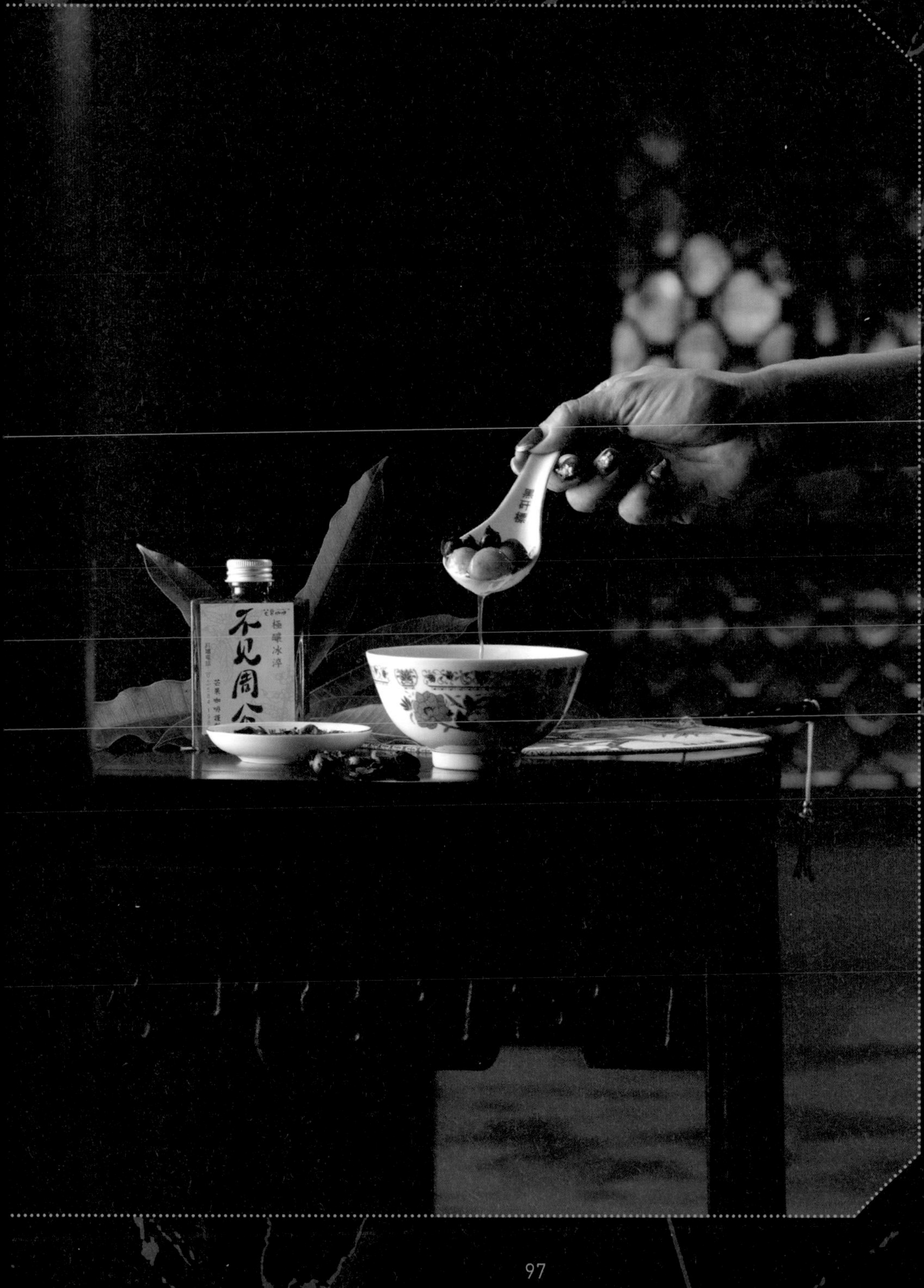
極睡冰淬
不見周

穗花山奈拿鐵

摘取一把台灣人熟悉的香花「穗花山奈」，為咖啡注入田野的芬香。

材料

濃縮咖啡　50 ml

野薑花糖漿＊　20 ml

牛奶　210 ml

冰塊　50 g

＊ 預先準備

野薑花250g與細砂糖500g、水300ml放入小鍋中，用小火煮至微滾約1至2分鐘，放涼即可裝瓶冷藏保存，可保留時令味道，時時品嚐。

調製

1. 野薑花糖漿、冰塊、牛奶160ml先倒入杯中攪拌均勻。
2. 倒入濃縮咖啡，做出分層。
3. 剩餘50ml牛奶打發，鋪滿杯子上層即完成。

靈感解密

穗花山奈別名野薑花，是台灣人生活之中熟悉的香花，古來生長在田野水邊，具有獨特的香氣，常見於客家料理，拿來炸成菜炸與包入粽子，而不少原民創意料理也會使用，與竹筒飯共蒸或是製成野薑花香腸，解除燒烤的油膩。在「食用花」的風潮下，野薑花越來越受重視，今日屏東有不少小農專門栽植無毒野薑花，不妨多多採購，應援在地農業。

TWIST & MIX
學一杯會兩杯

可用玫瑰、桂花等任何可食香花
來替代野薑花，按上步驟煮出不
同風味的糖漿，便可延伸出不同
風味的拿鐵。

棗姑娘

懷舊米香沾黑糖奶泡吃，再一口溫暖的紅棗咖啡，為妳獻上體貼。

靈感解密

每個月總有幾天是女孩們感到身體不適的時候，這時需要的不僅是舒適，更是一份溫暖。這杯熱飲的想法來自風味拿鐵以及卡布奇諾，結合東方食補中溫和益氣的紅棗與黑糖，用米香代替肉桂棒，可以沾著吃、浸泡著喝，為特別需要一份溫暖的時刻，獻上有愛的能量。

材料

濃縮咖啡（熱）　60 ml
紅棗醬（紅棗糖漿）*　30 ml
牛奶　250 ml
黑糖粉　少許
米香　1塊
紅棗　半顆

＊ **預先準備**

紅棗醬

去籽紅棗用清水淘洗2次，洗去雜質，瀝乾水分，加入水煮滾之後，放涼倒入果汁機打成泥。紅棗泥倒出過篩，去除果皮以及可能殘留的籽，再倒回鍋中與二砂糖再次煮至滾即可取出。隔水快速冷卻，裝袋冷凍保存，備用。

材料

去籽紅棗　300 g
本土二砂糖　200 g
水　1200 g

調製

1. 咖啡杯溫杯後，杯裡放入濃縮咖啡與紅棗醬。
2. 牛奶打奶泡至55～60℃，一半熱牛奶先倒入杯中，稍微搖晃杯子或直接使用調棒與 **1** 攪拌開。
3. 剩餘熱牛奶與奶泡鋪滿杯子上層。
4. 奶泡上撒黑糖粉，放上米香與半顆紅棗點綴。

\\ *Point!* /

◆ 冬季氣溫較低，務
必先溫杯，以免冰冷的杯子
把飲品的溫度吸走。

◆ 奶泡打發溫度盡量不要超過
65℃，溫度過高會使蛋白質變
質，牛奶會變得像奶粉一樣，
味道也變得不甜。

蕉個朋友

小孩專屬！去因咖啡與焦糖烤香蕉，誰都無法抗拒的明星結合。

材料

去咖啡因濃縮咖啡　30 ml
（或使用去咖啡因浸泡包）
鮮奶　230 ml
焦糖糖漿　20 ml
冰塊　60 g
焦糖烤香蕉*　3 ～ 5 片
阿華田或美祿粉　少許
巧克力醬　少許

＊預先準備

香蕉切片，串成一串，撒上紅糖，用噴槍炙燒至熱融，接著放入冰箱急速降溫，使炙燒焦糖凝固為脆片。

調製

1. 先在杯底以巧克力醬畫杯。
2. 焦糖糖漿、阿華田（或美祿粉）與170ml鮮奶加入雪克杯搖盪混勻，倒入杯中。
3. 加入冰塊，續入去咖啡因濃縮咖啡。
4. 鮮奶60ml用均質機打發鋪在上層。
5. 杯口放上焦糖烤香蕉，並撒上阿華田或是美祿粉裝飾即完成。

靈感解密

大人喝咖啡聊是非的時候，小孩會不會很無聊？答案是當然！這杯有意思的咖啡，其實是我們的孩子 —— 芒果小王子 —— 可愛的小小抗議。從小在咖啡店裡玩大，他也自己為自己設計一款「孩子專屬」的偽咖啡，使用去咖啡因的濃縮咖啡，加上自己喜歡的甜甜元素：阿華田粉或美祿粉、焦糖烤香蕉……這杯特調在店內推出時，意外受到孩子們的喜愛，果然是「同溫層」最懂同溫層，愛喝咖啡的家長們不妨問問孩子，一起玩出有趣的特調吧。

\ Point! /

去因咖啡，英文叫Decaf，一般使用瑞士水洗法，或將咖啡生豆利用超臨界二氧化碳把咖啡因溶出，達到去除咖啡因的效果。

酪梨啡奶昔

Coffee amigo

鮮綠滑順的「森林中的奶油」酪梨，化身墨西哥下酒小食 Guacamole，舉杯致敬咖啡原鄉的中美洲。

材料

濃縮咖啡　30 ml
焦糖糖漿　20 ml
酪梨　60 g
鮮奶　100 ml
冰塊　50 g
原味玉米片　1 片
酪梨莎莎醬*　少許

\ Point! /

酪梨切好
一定要立刻拌入檸檬汁，可以避免酪梨褐化，維持鮮綠的好看顏色。

＊ 預先準備
酪梨莎莎醬

酪梨莎莎醬（Guacamole）的作法不難，便是將所有食材切成0.5公分小丁，與調味料拌在一起，喜歡酸一點或辣一點，可依自己喜好口味調整。

材料

中型酪梨　1 顆	鹽巴　1 小匙
小顆牛番茄　1 顆	黑胡椒　少許
小型洋蔥　1 顆	蒜頭　1 小瓣
檸檬汁　50 ml	香菜葉　少許

調製

1. 酪梨、鮮奶與冰塊40g放入果汁機打成奶昔。
2. 杯中倒入焦糖糖漿，加入冰塊10g，倒入 **1**。
3. 濃縮咖啡先用雪克杯搖盪出泡沫，緩緩倒入杯中。
4. 裝飾原味玉米片與酪梨莎莎醬完成。

靈感解密

這杯咖啡最初是為了應援邦交國宏都拉斯所設計，以宏都拉斯重要作物的酪梨、甘蔗、咖啡為發想，創作出一杯具豐富層次與甜感風味的咖啡。一口玉米片佐酪梨莎莎醬，再輕抿一口上層的宏都拉斯咖啡，感受果香之中細膩的甜感，接下來用甘蔗調棒混勻下層的特調酪梨醬，滋味霎時一轉，又是不同感受。

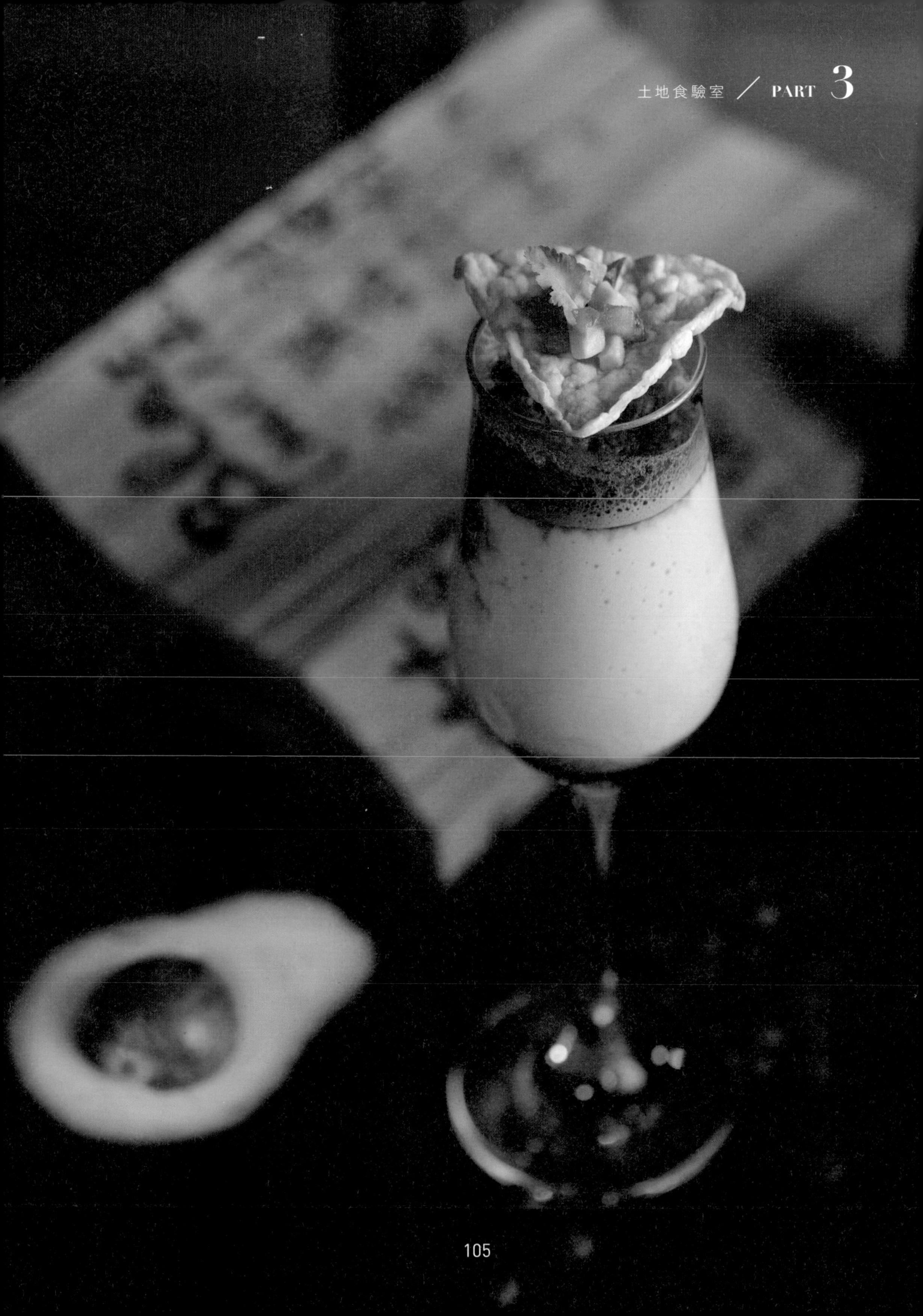

PART 4

咖酒
俱樂部

如果世界只剩下「清醒」與「不清醒」兩種選擇，
而你還是無法決定，有選擇障礙的話，
不妨學學食神，把咖啡與酒精加在一起，
做成咖啡調酒吧！

有走英國紳風路線的咖啡馬丁尼，
有紅標米酒超台味特調的赤咖，
有詮釋老歌的月亮代表我的心，
當然，也有為「美幹拎」的朋友們
特別想的無酒精調酒。

俗話説（哪來的俗話）飲酒需要理性，
但咖啡調酒創意不需要理性，
越大膽越好。

（未滿18歲請勿飲酒，但未滿18歲可以玩咖啡調酒）

專業代駕

經典調酒「老時髦」為靈感，混合橙花水與芭樂汁，無酒精卻有酒感，代駕者也可安心喝。

材料

濃縮咖啡（放涼）　45 ml
橙花水　10 ml
芭樂汁　120 ml
冰塊　20 ～ 30 g

\ **Point!** /

更加講究冰塊，可以使用「極地冰盒」做出如同酒吧使用的透明大冰塊。如果沒有極地冰盒，也可以把製冰盒放在內部裝水的小保麗龍箱內，使雜質可以在慢速結冰的過程中緩緩沈澱，而冰塊完成後只要用水洗去下方的雜質，便能得到一顆輕透無瑕的冰球。

靈感解密

歡聚時刻，負責散場開車的朋友因為不能飲酒，難免少了參與感，於是我們設計了這款以經典調酒「老時髦」（Old Fashion）為靈感的「無酒精調酒」，使用橙花水與芭樂汁混合產生的酒感，加上濃縮咖啡讓人越喝越清醒，希望代駕朋友們也能暢快享受，心情不會那麼「拔辣」，最後能開心把大家安全送到家。（笑）

專業代駕調製影片

調製

1. 先將濃縮咖啡、芭樂汁、橙花水攪拌混和。
2. 威士忌杯裝入冰塊。
3. 將 **1** 倒入杯中，放上裝飾即完成。

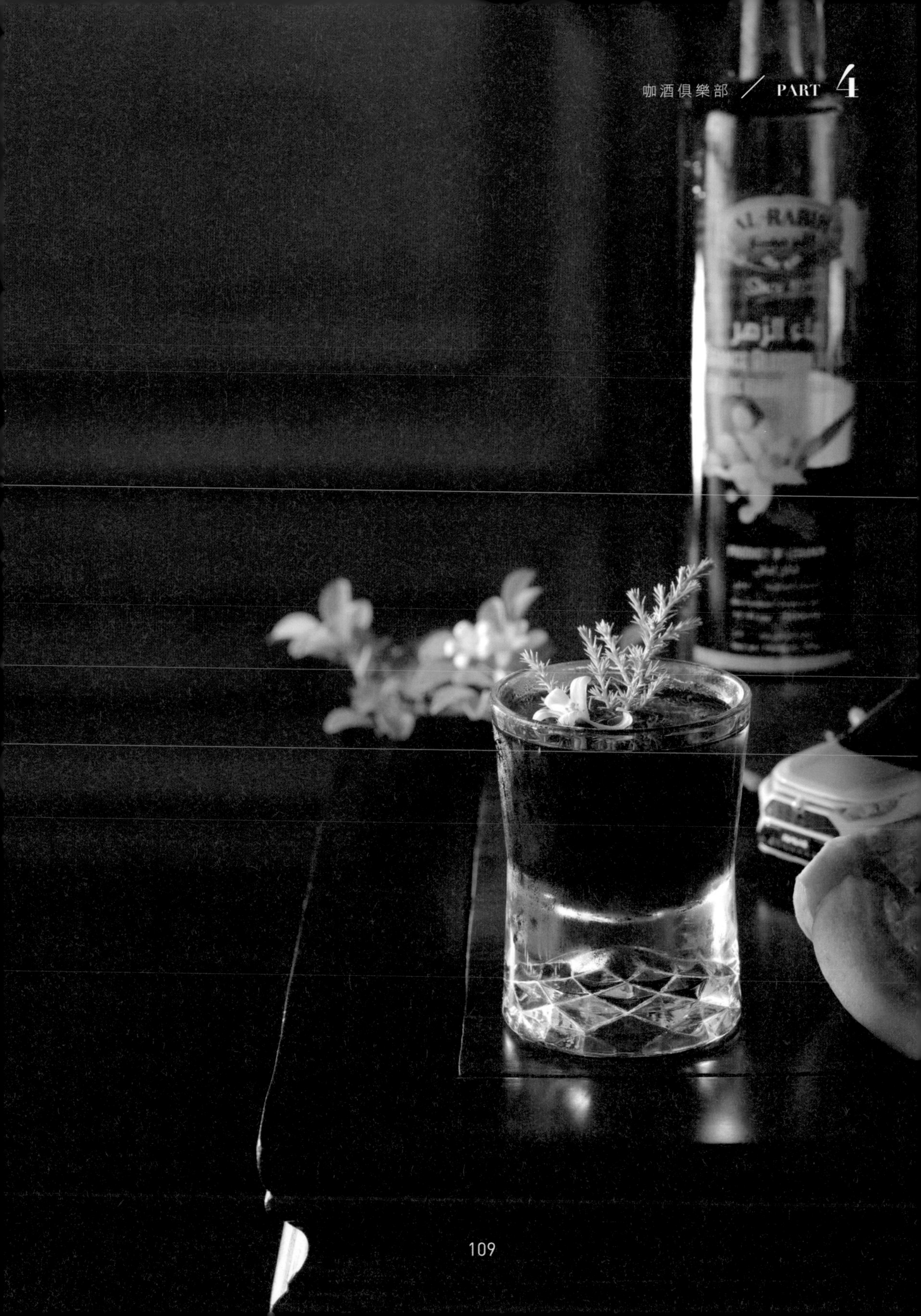

明天的氣力

幼的！幼的！幼的！
保力達尬檳榔，致敬偉大的勞工們。

材料

濃縮咖啡（放涼）　20 ml
鮮奶油　10 ml
保力達　25 ml
火龍果肉　40 g
檸檬汁　10 ml
養樂多　60 ml
糖漿　10 ml
冰塊　50 g
荖葉腰果偽檳榔*　1粒

---

* 預先準備

荖葉半張捲起，包入適量法式草莓醬與低溫烘烤的原味腰果2顆，即完成偽檳榔。

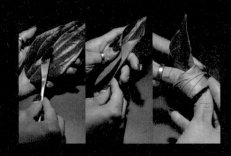

調製

1. 濃縮咖啡與鮮奶油攪拌（Stir）均勻，完成咖啡基底。

2. 保力達、火龍果、檸檬汁、養樂多、冰塊、糖漿用果汁機打（Blender）成冰沙狀。

3. 材料2先倒入杯中，再倒入材料1，放上「偽檳榔」裝飾即完成。

靈感解密

先說好，不鼓勵吃檳榔喔。不過呢，檳榔之所以致癌，主要在檳榔灰，至於包裹的荖葉其實對人體無害，甚至具有保健功效，且荖葉屬於胡椒科植物，具有獨特辛香與甜感；用於包烤肉或是果乾，可以發揮不同的食材風味。這杯調酒以保力達為基底，加上檳榔元素，命名為「明天的氣力」，致敬為工作拼命的朋友們！

咖啡馬丁尼

超・酒水手沖之技！
用莊園風味矯正酒質，高粱竟然也超順口。

材料

咖啡掛耳包　16 g
38度金門高粱　300 ml
伏特加　40 ml
焦糖糖漿　20 ml
濃縮咖啡（放涼）　20 ml
冰塊　40 g
咖啡豆　1~2粒

調製

1. 使用咖啡掛耳包，將高粱酒裝入小手沖壺，直接以酒沖泡咖啡，利用Infuse得到香甜咖啡酒（酒是很好的溶劑，酒水毋須溫熱，直接沖泡咖啡，也能萃出咖啡風味）。
2. 取 **1** 的香甜咖啡酒15ml，與其他材料加入雪克杯一起搖盪（shake）。
3. 倒出杯中，放上烘過的咖啡豆裝飾。

靈感解密

酒水手沖技法的靈感來自陳年烈酒常用的「過桶」技法，使酒液吸收咖啡的香氣，加強或是轉化原本的風味，可說是酒的「再生」奇蹟。像是具有獨特麴味的高粱酒，並非人人都能喜歡，而利用酒水手沖，選擇自己喜愛的莊園風味，如：果乾、香草、核果、奶油香等，來轉化原酒的刺激性味道，或許會發現原本討厭的酒，突然也有可愛的一面了。

咖啡馬丁尼調製影片

魚池帶我走

用台茶與山蕉解構義大利甜點，一杯「喝的」提拉米蘇。

材料

咖啡掛耳包　1 包
山蕉澄清液*　10 ml（亦可直接使用
義大利瑪莎拉酒 Marsala wine）
台茶 18 號慕斯*　適量
台茶 18 號茶葉　少許

調製

1. 咖啡掛耳包手沖 200ml。
2. 將 **1** 與山蕉澄清液拌勻。
3. 鋪上一層台茶 18 號慕斯。
4. 台茶 18 號茶葉磨碎，撒上裝飾完成。

* 預先準備

A

山蕉 100g 切塊，加熱開水 200ml，用手持攪拌機打勻，加入吉利丁粉 1g 再打勻，倒入乾淨容器中冷凍凝固，取出放到鋪了濾紙的咖啡濾杯上，移至冷藏使之慢慢融化滴濾，下壺得到便是山蕉澄清液。

B

鮮奶油 20g 與馬斯卡彭起司 20g 用電動攪拌器濕性打發（即拉起會有尖端垂下的鷹鉤狀），拌入台茶 18 號紅茶液 10ml 即可。

赤咖

Cha Ka

咖啡、紅茶、紅標米酒的「三杯」經典，彷彿赤腳感受咱ㄟ土地，鬧出超台味。

材料

咖啡掛耳包　1個
日月潭紅茶葉　3 g
紅標米酒　100 ml
紅糖水　30 ml

調製

1. 沖泡掛耳包萃取150ml咖啡液，倒入雪克杯，插入冰塊，極速冰鎮。
2. 日月潭紅茶葉加入紅標米酒浸泡約20分鐘。
3. 材料**1**、**2**與紅糖水混合，用氮氣槍打入氮氣（或用氣泡機打入氣體）。
4. 完成倒入玻璃杯。

3

靈感解密

代表山的日月潭紅茶，以及代表平原的紅標米酒，利用咖啡把島嶼不同海拔的風土物產拉在一起，打入氮氣製造滑順綿密的口感，彷彿「赤腳踩在土地」的品飲感受，正是這杯調酒諧音台語「赤跤」（Tshiah-kha）的意思。

赤咖 Cha Ka 調製影片

沐蘭湯

竹葉清香氣味的在地藥酒，
遇上柑橘巧克力調性的咖啡，
臥虎藏龍的滋味，回韻綿長不絕。

材料

竹葉青酒　10 ml
接骨木花利口酒　10 ml
美式咖啡　30 ml
本土二砂糖水　5 ml
檸檬汁　5 ml
蜂蜜　5 g
冰塊　隨意
粽葉　1張

調製

1. 所有材料放入雪克杯中搖盪，並倒入杯中。

2. 把粽葉打上活結作為杯口裝飾，增添品飲的香氣享受。

靈感解密

端午節來到，香噴噴上桌的粽子，最期待是打開外層包裝的瞬間，熱騰騰飯香夾帶竹葉的清香氣味，實在太迷人！因為太愛這迷人味道，於是我們從節慶飲食切入思考，想設計一款保留竹葉氣味的咖啡調酒，沒想到意外發現了傳統藥酒的竹葉青。本以為藥酒與咖啡很難搭上線，沒想到經過多次的嘗試與搭配，找出了這個有趣的配方，那滋味令人想起也是中藥與水果衝突組合的桂花烏梅湯，這告訴我們只要不設限，咖啡往往會給你很多驚喜。

TWIST & MIX

學一杯會兩杯

竹葉青為高粱酒浸泡竹葉、仙草干、肉桂等香料而成,略帶梅子醋風味相當特別,可視為東方風味的藥草酒或是香草酒,可以取代調酒中琴酒(GIN)的位置,為經典調酒玩出有趣的Twist變化版。

Naughty Taiwan
Naughty German Twist

竹葉青　35 ml
黑醋栗利口酒　10 ml
檸檬汁　15 ml
濃郁糖漿(糖水比2:1)　10 ml

調製
所有材料與冰塊放入雪克杯中
搖盪,倒出杯中即完成。

庄腳人
Negroni Twist

琴酒　30 ml
甜苦艾酒　30 ml
竹葉青　30 ml
柳橙皮　適量

調製
所有材料倒入杯中,
放入大冰塊輕輕混合即可。

法海與小青
Moscow Mule Twist

竹葉青　1份
薑汁汽水　2.5份
白糖水　少許

調製
竹葉青混合糖漿，倒入汽
水與冰塊輕輕攪拌即完成。

艾雷先生

奶味熱燜酒＋一串心小吃
＝有趣的惣菜風雞尾酒！

材料

濃縮咖啡　30 ml

牛奶　200 ml

威士忌　15 ml

紅糖　10 ml

下酒菜　玫瑰肝腸＆冰滴咖啡漬蘿蔔＊

調製

1. 萃取濃縮咖啡，趁熱加入紅糖與威士忌。

2. 牛奶以蒸氣打發至綿密，均勻沖入**1**的咖啡威士忌基底使其融合。

3. 玫瑰肝腸斜切成橢圓片用噴槍炙燒，與漬蘿蔔用牙籤串起，掛在杯口裝飾即完成。

＊ 預先準備

冰滴咖啡漬蘿蔔

蘿蔔切長方片（與肝腸相同大小）抓鹽靜置30分鐘，擠出流出的苦水，與醬汁一起放入玻璃容器醃漬入味，可冷藏保存作為配菜或開胃菜，具有解膩之效。

材料

白蘿蔔（去皮切片）　250 g

鹽　1/4小匙

醬汁　鹽1/2小匙、檸檬汁30 ml、

　　　砂糖15 g、肯亞冰滴咖啡60 ml

柚醉咖啡

一杯咖啡餐前酒，為中秋吃柚子加點微醺感，也解決柚子過剩問題。

材料

柚子醬　15 g

利口酒或柚子酒　15 ml

蜂蜜　10 g

紅糖水　20 ml

濃縮咖啡（放涼）　30 ml

冰塊　60 ～ 80 g

水　60 ml

裝飾

柚子果乾

調製

1. 柚子醬與利口酒（或柚子酒）、蜂蜜、紅糖水混勻，倒入杯中。

2. 加入冰塊，濃縮咖啡與冰水先混合，緩緩倒入即完成。

3. 使用竹籤串起柚子果乾裝飾即完成。

靈感解密

中秋時節，親友互贈的柚子堆滿了角落，實在令人「柚愁不已」，為了解決柚子過剩問題，我們別出心裁想出柚香咖啡（P32）的點子之外，又追加了一款更適合佐餐的咖啡調酒，為中秋烤肉添增美好的微醺感。趁假日時節，全家動手剝柚、榨柚子汁，而多餘果汁可以凍成冰磚，用夾鏈袋保存起來，可以隨時取用，再也沒有浪費問題囉。

TWIST & MIX

學一杯會兩杯

用茶代替咖啡，加入在地黑米釀的琴酒，打氮氣放大香味，
便是一杯美妙的茶香檳。

月亮代表我的心

文旦柚汁　20 ml
蜂蜜柚子醬　20 g
無糖綠茶＊　40 ml
虎尾釀琴酒　20 ml

＊ **預先準備**
茶包2g泡入熱水100ml，
浸出茶湯後取出茶包，茶
湯放涼備用。

調製

1. 文旦榨汁取用（多餘果汁可製成冰磚保存）。
2. 其他材料與 **1** 混勻，倒入雪克杯搖盪均勻（使用氣
   泡機打氣風味更佳）。
3. 倒出杯中即可飲用。

Point!

非產季無法取
得新鮮柚子汁，也可以
全部使用市售的蜂蜜柚子
醬，麻豆區農會出品的「蜂
蜜柚子茶」是不錯方案，使
用時蜂蜜柚子醬份量可增
至 30g，佐以 10ml 水兌
開使用。

美酒加咖啡

免開火也能玩香料紅酒，冷萃咖啡與黑胡椒浸泡樹葡萄酒，多層次飽滿風味太撩人。

材料

古坑咖啡　50 g
水　150 ml
樹葡萄酒　750 ml
黑胡椒粒　3 g
玻璃瓶　1 個

調製

1. 古坑咖啡豆研磨成粉，填入茶包袋。
2. 材料 **1** 塞入玻璃瓶，並倒入水，置於冰箱冷藏 24 小時，得到冷萃咖啡液。
3. 玻璃瓶續入樹葡萄酒、黑胡椒粒，再冷藏浸泡 8 小時，倒出即可享用。

靈感解密

《美酒加咖啡》是已故雲林歌星鄧麗君的代表作，從思念的歌謠發想雲林風味餐酒，我們找到雲林古坑鄉的酒莊用葡萄酒釀造方法，釀造出風味獨具的樹葡萄冰酒——不過樹葡萄酒的年份較短，而大多數餐酒需要較為厚實的酒體（尤其是搭配紅肉型主菜），所以我們把咖啡當成是葡萄酒的「桶子」，用具有水果酸香的淺焙豆去增加酒體的風味豐富度。此外，雲林古坑是台灣咖啡的發源地，日治時代已廣泛種植「鐵皮卡」品種，不過傳統日式烘焙重在餘韻較長的中深焙度，而要入酒泡漬建議選用味道純淨的日曬處理法淺焙豆。

Point!

冷萃咖啡的粉水比約是 1：15，且長時間冷萃或是浸泡的融合效果佳，過程中最好放在冰箱冷藏，因為低溫可以抑菌、減緩氧化與發酵，使風味更為穩定與圓潤。

TWIST & MIX
學一杯會兩杯

由於樹葡萄酒的酒體比較輕盈，所以酒的佔比需要較多，但如果使用年份較久的紅酒，冷萃咖啡液與酒的比例可改為1：1。另外，此法也可以應用於烈酒，像是收到不喜歡的威士忌時，直接把咖啡豆放入酒瓶，利用咖啡進行「快速桶陳」，堅果調、香草調、水果調的咖啡都很適合，尤其乾果調的咖啡泡起來有雪莉桶的效果呢！

甜蜜蜜

香甜綿密的烤地瓜、酥脆涮嘴的地瓜片，
兩種地瓜滋味合體，一杯有雙重享受。

材料

花生粉　少許

烤地瓜　60 g

鮮奶　60 ml

蜂蜜　15 g

濃縮咖啡（放涼）　20 ml

地瓜脆片　1 片

調製

1. 將花生粉以「糖口杯」技法（參考 P28）
　　沾附在杯口上。

2. 把烤地瓜、鮮奶、蜂蜜全部放入果汁
　　機攪打均勻後倒入杯中。

3. 鋪上濃縮咖啡。

4. 擺放一片地瓜脆片裝飾，完成。

枇杷行

枇杷花的香、甘露梨的甜、麝香葡萄的餘韻，在咖啡的花果香裡，醉入一場錦瑟的夢。

靈感解密

你吃過枇杷，但看過枇杷花嗎？枇杷樹會在晚秋初冬時節開花，團簇綻放的雪白小花，輕飄出淡雅幽香，彷彿倚在樓欄上的害羞女孩，用小扇掩笑，只露出杏眼，淺淺淡淡地勾人。由於一棵枇杷樹可開上200朵花，為了使收成的枇杷更甜美飽滿，果農必須進行「疏花」作業，摘下近一半數量的花朵，而台東小農不捨浪費美麗的白花，便把枇杷花乾燥處理，成為別具特色的花茶。拿枇杷花茶與梨子組合，不只風味絕佳，更是潤肺止咳的妙方。

材料

乾燥枇杷花　2 g
麝香葡萄義式白蘭地　5 ml
濃縮咖啡（放涼）　10 ml
梨子澄清汁*　40 ml
冰塊　80 g

---

* 預先準備

甘露梨去皮、去核、切塊，泡入冰鹽水再瀝出，可使打出梨汁的風味更清甜、不易有鐵味。梨子不加水直接打成汁，用濾布過濾兩次，取得澄清無渣的果汁。

調製

1. 乾燥枇杷花用50ml熱水浸泡開，將茶湯隔水冰鎮，冷卻以鎖住香氣。
2. 加入麝香葡萄義式白蘭地（推薦 Grappa di Moscato Montanaro蒙塔那羅蒸餾廠麝香葡萄義式白蘭地桶陳兩年的果香格外馥郁，酒體格外滑順）。
3. 用全自動咖啡機萃取咖啡。
4. 將枇杷花茶、咖啡、梨汁、白蘭地與冰塊放入雪克杯中搖盪。
5. 倒入冰鎮過的杯子中，即可享用。

巧咖戴琦莉

源自海明威最愛的霜凍黛綺莉 Frozen Daiquiri，用巧克力與咖啡作為味道的好搭檔，把這杯叼在手上，保證 Friday night 不無聊。

材料

濃縮咖啡（放涼）　30 ml
恆器蘭姆酒　30 ml
賀喜巧克力醬　30 ml
冰塊　100 g
香草冰淇淋　1 球
餅乾棒　1 支

調製

1. 所有材料放入果汁機打成奶昔。
2. 倒入杯底，加上餅乾棒裝飾，大功告成。

\ Point! /

專注於台灣風土味道的恆器製酒，使用台南糖蜜來釀造蘭姆酒，糖蜜為甘蔗製糖的副產物，所以這杯特調也是一種甘蔗風味的另類品嚐喔。

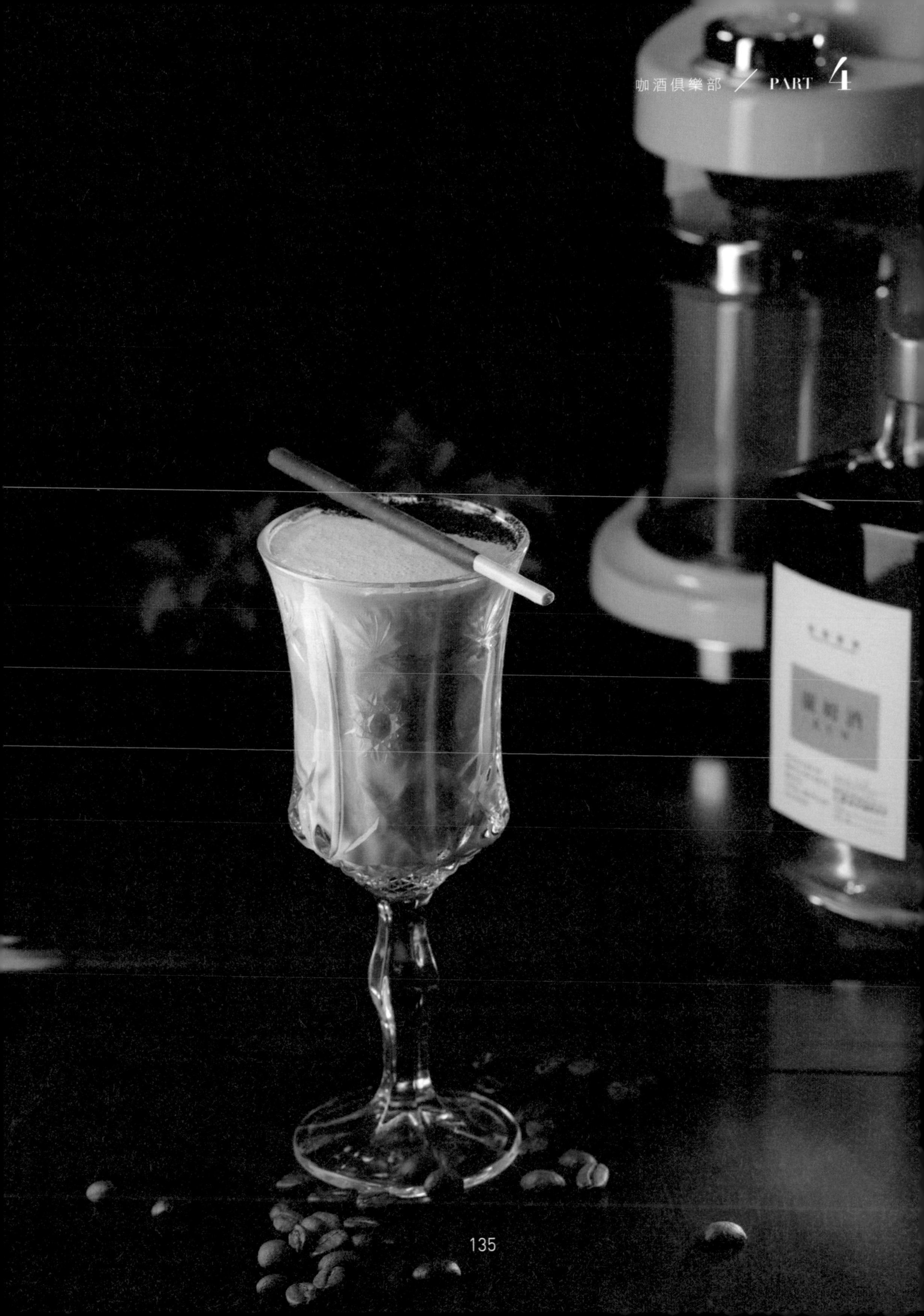

咖啡女王

當台灣威士忌遇上冷萃咖啡，用辣椒粉當引信，展開強強風味對決。

材料

冷萃咖啡　50 ml

噶瑪蘭雪莉三桶　60 ml

蜂蜜　30 ml

蔓越莓汁　30 ml

檸檬汁　15 ml

蛋白　15 ml

冰塊　適量

蔓越莓粉或辣椒粉　微量

調製

1. 所有材料放入雪克杯，冰塊加滿，搖盪至均勻混合。

2. 濾掉冰塊，倒入杯中。

3. 撒上一點蔓越莓粉或辣椒粉，裝飾也提味。

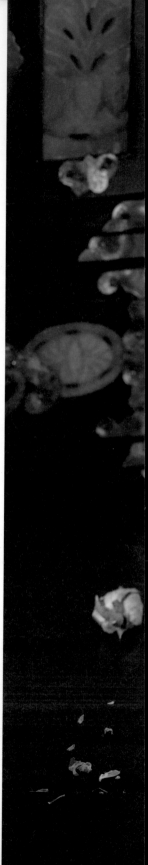

Special

零工具也能！活用樓下超商現品，懶人也會的咖啡調酒

如果你實在不可抗地好懶，或是家裡沒有咖啡設備，別擔心——這絲毫不影響我們想傳授給你咖啡調酒大法的決心！現在出門，到樓下超商去，買一杯不加水的美式（就是濃縮咖啡！），在開架冰箱上點兵點將，利用現有的氣泡酒、果汁、小瓶烈酒……免開火、免沖煮、免燒腦，也能輕鬆寫意地完成一杯咖啡調酒。

醒醒醉醉醒醉

咖啡調酒的最後 哩路

超商酒精路跑

茫茫溫柔鄉

材料

鄉巴佬咖啡　30 ml

酉余蜂蜜酒　120 ml

芒果果泥　15 ml

冰塊　15 g

調製

1. 杯中加入芒果泥，再
   倒入蜂蜜酒（預先冷
   藏4℃，風味更佳）。

2. 咖啡加入冰塊，搖盪
   均勻倒入杯中即完成。

Point!

如果沒有芒果泥，
可替換成紅糖水15ml，就
是另一杯《鄉甜有餘》。
鄉巴佬咖啡可以超商濃縮
咖啡一份替換。

column

140

咖啡老時髦
Coffee old fashioned

材料

超商濃縮咖啡（放涼） 1份　　關東煮辣椒醬　2滴

威士忌小樣酒　1瓶　　　　冰塊　適量

糖包　1包

調製

1. 濃縮咖啡杯加入冰塊。

2. 倒入威士忌、糖包、關東煮醬搖盪均勻即可。

促你黑俄羅斯
Truly Black Russian

材料

超商濃縮咖啡（放涼） 2份　　糖包　2包

伏特加　5份　　　　　　冰塊　適量

調製

1. 濃縮咖啡杯中加冰塊。

2. 續入伏特加與糖，搖盪均勻即可飲用。

灰熊白俄羅斯
Very White Russian

材料

超商濃縮咖啡（放涼） 2份　　冰塊　適量

伏特加　5份　　　　　　動物性鮮奶油（液狀）　2份

糖包　2包

調製

1. 濃縮咖啡杯中加入冰塊。

2. 續入伏特加與糖搖盪均勻。

3. 上層鋪鮮奶油即可享用。

◆ 講究的話，可打發鮮奶油，奶蓋效果更好。

亂步思樂冰

Stroll Slurpee

材料

超商濃縮咖啡　1份　　　　　Pocky巧克力棒　1盒
可爾必思思樂冰　1杯　　　　酒架上蘭姆小樣酒　1瓶
超商水果盒（有柑橘的）　1個

作法

1. 打開水果盒，用柑橘抹思樂冰杯口，增添香氣。

2. 倒入濃縮咖啡，續入蘭姆酒，用巧克力棒攪拌均勻，即可
　享用。

咖啡冒泡

材料

超商濃縮咖啡（放涼）　1份　　　冰塊　適量
各大農會出品的水果氣泡酒　　　大花咸豐草　1支
（任選口味）　1瓶

作法

濃縮咖啡杯中加入冰塊，倒入水果氣泡酒，裝飾大花咸豐
草，即可享用。

咖 true 味

材料

芒果牌咖啡果皮醋　30 ml
台啤水果啤酒（或任選口味）　1瓶

作法

兩者倒入杯中混合即可享用。

column

超商零食 Cocktail garnish，為咖啡調酒視覺加分

放在雞尾酒上的裝飾物叫「Cocktail garnish」，作用不只是讓飲品更加賞心悅目，如果是可食用的 Cocktail garnish，更可為品飲增添味覺與口感的變化性。Cocktail garnish 的定義廣泛，除了使用新鮮水果或果皮，也可以利用超商零食來玩出有趣的組合，用 Pocky 餅乾棒或是棒棒糖作為調棒，邊攪還可以邊吃，而鱈魚香絲或是肉乾烤香之後夾在杯口，特別適合富含奶類油脂或是煙燻味的調酒，此外常見的蜜餞或果乾片也都是很好利用的素材。

index

水果類

金桔	宜蘭縣農會超市　03 937 0702
	橘之鄉蜜餞形象館　03 928 5758
紅棗	苗栗縣公館鄉農會　03 722 5211
草莓	苗栗縣大湖地區農會　03 799 4800
枇杷	台中市太平區農會　04 2278 1148
蘋果	台中市農會　04 2526 2110
火龍果	彰化縣二林鎮農會　04 896 1191
梅子	南投縣農會農特產品展售中心　04 9225 1170
	信義鄉農會梅子夢工廠　0975 801 959
百香果	南投縣埔里鎮農會　049 299 1005
甘蔗	蔗佳農產工廠　049 265 7315
西瓜	雲林縣西螺鎮農會　05 586 3621
	二崙鄉農會　05 598 6010
	花蓮縣玉溪地區農會　03 888 9513
柳丁	雲林縣古坑鄉農會　05 582 3102
楊桃	雲林縣莿桐鄉農會　05 584 2299
鳳梨	嘉義縣民雄鄉農會鳳梨休閒園區　05 226 7151
	旺萊山鳳梨文化園區　05 272 0696
芒果	台南市玉井區農會　06 574 8553
香瓜	台南市七股區農會　06 787 1711
柚子	（文旦）台南市麻豆區農會　06 571 8575
	（紅柚）宜蘭縣冬山鄉農會良食農創園區　03 958 2299
酪梨	台南市大內區農會　06 576 1016
	屏東縣萬丹鄉農會　08 777 2007
芭樂	高雄市燕巢區農會　07 616 2211

荔枝　　高雄市大樹區農會　07 652 6665

蓮霧　　屏東縣佳冬鄉農會　08 866 0012

木瓜　　屏東縣南州地區農會　08 864 2111

香蕉　　屏東縣新園鄉農會　08 868 5700

　　　　嘉義縣中埔鄉農會　05 253 2201

檸檬　　屏東縣九如鄉農會　08 739 2224

　　　　台東縣農會　08 932 4377

非水果類

紫玉米　台中市清水區農會　04 2623 2101

黃豆　　彰化縣田野勤學　04 887 6113

　　　　偉耘有機農場　0963 387 507

茶　　　南投縣魚池鄉農會　04 9289 5505

咖啡果皮　阿里山吾佳莊園　0933 824 160

地瓜　　雲林縣水林鄉農會　05 785 2605

蘿蔔　　高雄市美濃區農會（ec.meinong.org.tw）　07 683 1624

洋蔥　　屏東縣車城地區農會　08 882 1056

馬鈴薯　雲林斗南鎮農會　05 597 3120

野薑花　屏東縣埔鹽鄉農會　04 865 3016

洛神　　台東縣農會　08 932 4377

竹　　　（竹葉青酒）台灣菸酒嘉義酒廠　05 221 5721

高粱酒　台灣菸酒金門酒廠　08 232 5628

香草莢　雲林香草莢子　0930 939 017

本土蜂蜜　蜜蜂故事館　080 082 8255

蘭姆酒　恆器製酒　03 324 6832

咖啡醋　芒果咖啡　05 584 1987

COFETAIL
咖啡調飲研究室

寶島遶境，節氣出杯！最有台灣味的咖啡調飲指南

作者	王琴理、廖思為
美術設計	黃祺芸 Huang Chi Yun
攝影	王正毅

社長	張淑貞
總編輯	許貝羚
特約編輯	如此表達工作室 李佳芳

發行人	何飛鵬
事業群總經理	李淑霞
出版	城邦文化事業股份有限公司 麥浩斯出版
地址	115 台北市南港區昆陽街 16 號 7 樓
電話	02-2500-7578
傳真	02-2500-1915
購書專線	0800-020-299

發行	英屬蓋曼群島商家庭傳媒股份有限公司城邦分公司
地址	115 台北市南港區昆陽街 16 號 5 樓
電話	02-2500-0888
讀者服務電話	0800-020-299
	（9:30AM~12:00PM；01:30PM~05:00PM）
讀者服務傳真	02-2517-0999
讀者服務信箱	csc@cite.com.tw
劃撥帳號	19833516
戶名	英屬蓋曼群島商家庭傳媒股份有限公司城邦分公司

香港發行	城邦〈香港〉出版集團有限公司
地址	香港九龍土瓜灣土瓜灣道 86 號順聯工業大廈 6 樓 A 室
電話	852-2508-6231
傳真	852-2578-9337
Email	hkcite@biznetvigator.com

馬新發行	城邦（馬新）出版集團 Cite (M) Sdn Bhd
地址	41, Jalan Radin Anum, Bandar Baru Sri Petaling, 57000 Kuala Lumpur, Malaysia.
電話	603-9056-3833
傳真	603-9057-6622
Email	services@cite.my

製版印刷	凱林印刷事業股份有限公司
總經銷	聯合發行股份有限公司
地址	新北市新店區寶橋路 235 巷 6 弄 6 號 2 樓
電話	02-2917-8022
傳真	02-2915-6275

版次	初版一刷 2024 年 7 月
定價	新台幣 520 元
ISBN	978-626-7401-77-4

Printed in Taiwan
著作權所有 翻印必究

國家圖書館出版品預行編目 (CIP) 資料

COFETAIL! 咖啡調飲研究室：寶島遶境，節氣出杯！最有台灣味的咖啡調飲指南/王琴理, 廖思為著. -- 初版. -- 臺北市：城邦文化事業股份有限公司麥浩斯出版：英屬蓋曼群島商家庭傳媒股份有限公司城邦分公司發行, 2024.07
面；　公分
ISBN 978-626-7401-77-4(平裝)

1.CST: 咖啡

427.42　　　　　　　113008375